環境の基礎科学

持続可能な地球環境をめざして

奥山 格 著

Basics of
Environmental Science:
Aiming at Sustainable Earth

丸善出版

緒　　言

　地球温暖化とか，観測史上最高気温などという話をよく耳にするようになった．20世紀から今世紀に入って地球環境が大きく変動する時代になってきたようである．その実情を調べ，地球の未来がどうなるのか，そして私たちはどうしたらよいのか．政府や国際機関でも，この事態を解析し，どう対応すべきか，種々の提案がなされている．

　文部科学省は，学習指導要領で環境教育の重要性について次のように述べている．

　　地球環境の悪化が深刻化し，環境問題への対応が人類の生存と繁栄にとって緊急かつ重要な課題になっている．豊かな自然環境を守り，子孫に引き継いでいくためには，環境への負荷が少なく持続可能な社会を構築することが大切である．そのためには国民がさまざまな機会を通じて環境問題について学習し，自主的・積極的に環境保全活動に取り組んでいくことが重要であり，とくに，21世紀を担う子どもたちへの環境教育はきわめて重要な意義を有する．

　このような方針に基づいて，高等学校の『化学基礎』で環境問題に1章が割かれ，『化学』や『家庭科』でも"持続可能な社会"について述べられている．この新しい高校教育を受けた学生が2025年度には大学に進学してくることになる．そのような学生に向けた"環境科学"の教科書としてまとめたのが本書であり，環境問題の事象とともに，それに関係する基礎科学についても解説している．そして，持続可能な地球環境に根づいた私たちの社会をどのように保全していけばよいのかを考える．

　本書の構成は，最初の2章を導入部として私たちの住空間である大地，海洋，大気と太陽の恵みについて述べている．3章と4章は基礎となる物理と化学の基礎概念について解説しているが，これらは必要に応じて勉強することにして，この2章を飛ばして，5章からの本論について学習を進めてもよい．本論では物質と資源（5章），エネルギー・脱炭素・気候変動・水素社会（6〜9章）などの関わり，そして大気・海洋・大地（10〜12章），最後に公害と地球環境の限界（13・14章）につい

て述べ，私たちの暮らしについて総括している(15章)．また，本書は新しい本の
かたちとして，単色印刷にして価格を抑え，カラー図面はQRコードによりスマー
トフォンあるいはタブレットなどの電子機器で閲覧できるようになっている．

　本書をまとめるに当たり，梶本興亜(京都大学名誉教授)，箕浦真生(立教大学教
授)，石井昭彦(埼玉大学教授)の先生方，そして学生時代に研究室でともに学んだ
池ノ内善弥(元花王株式会社)，木村和正(元株式会社日本触媒)，瀧本浩一(元藤沢
薬品工業株式会社)，豊島健三(元藤沢薬品工業株式会社)の各氏から有益な助言を
いただいた．ここに記して感謝の意を表したい．

　本書はこのように多くの方々に支えられて出来上がった書籍ではあるが，その内
容についてはすべて著者が責めを負うものである．注意深く書いたつもりではある
が，日進月歩の分野でもあり，わかりにくい点や誤りが皆無であるとは限らない．
もし，そのような疑問点があった場合には，丸善出版株式会社のウェブサイト"有
機化学 plus on web"の"質問箱"(https://www.maruzen-publishing.co.jp/contact/)に
投稿していただきたい．折り返し，著者が回答することになっている．

　最後に，丸善出版株式会社企画・編集部の小野栄美子氏をはじめとする関係者の
皆様には，本書をこのようなユニークなかたちにまとめるうえで大変お世話になっ
た．ここに併せて深く謝意を表する．

　　2024年8月

　　　　　　　　　　　　　　　　　　　　　　　　奥　山　　格

目　　次

1　は　じ　め　に ……………………………………………………… 1

2　私たちの生活 ……………………………………………………… 3

　2.1　太 陽 の 恵 み　　3
　　　コラム　太　陽　3
　2.2　地球の成り立ち　　4
　2.3　物 質 の 循 環　　5
　2.4　廃棄物とリサイクル　　5
　　　コラム　燃料について　6
　2.5　エ ネ ル ギ ー　　6

3　原 子 の 構 造 ……………………………………………………… 9

　3.1　原子と原子核　　9
　3.2　放射性同位元素　　10
　　　コラム　放射性炭素年代測定　10
　3.3　原子核の構造　　11
　3.4　核 融 合 反 応　　11
　3.5　原子力発電における核分裂　　14

4　分子と分子間力 ……………………………………………………… 17

　4.1　化学結合：共有結合とイオン結合　　17
　4.2　分 子 の 極 性　　19
　4.3　結合の軌道表現　　19
　　　コラム　電磁波　20
　4.4　分子構造とスペクトル　　21
　4.5　分子間力と物質の状態　　23

iv 目 次

5 資源と物質の流れ･･**25**

5.1 資 源 の 流 れ　*25*

5.2 炭 素 循 環　*26*

5.3 窒 素 循 環　*27*

5.4 水 の 循 環　*28*

5.5 地下資源のいろいろ　*30*

5.6 鉱物資源と非金属資源　*31*

6 エネルギー収支と気候変動･････････････････････････････････**35**

6.1 地球のエネルギー収支　*35*

6.2 エネルギー収支と気候　*37*

6.3 温室効果の科学　*38*

　コラム　地球温暖化：1.5℃目標と2℃目標　*40*

6.4 気 候 変 動　*41*

6.5 地 球 温 暖 化　*43*

6.6 気候変動対策の工学　*45*

7 二酸化炭素の動向･･･**47**

7.1 大気中の二酸化炭素濃度　*47*

7.2 二酸化炭素の排出と吸収　*50*

7.3 二酸化炭素の排出源と対策　*52*

7.4 残留二酸化炭素の除去と利用　*54*

7.5 メタネーション　*57*

7.6 二酸化炭素の化学的な利用　*58*

7.7 二酸化炭素を吸収するコンクリート　*59*

　コラム　新しい二つのコンクリート　*61*

8 エネルギー資源と脱炭素化･････････････････････････････････**63**

8.1 脱炭素社会に向けたわが国と世界の動向　*63*

8.2 エネルギー資源　*65*

　コラム　メタンハイドレートとシェールガス　*66*

目　次　v

8.3　発電電力量と一次エネルギーの割合　　67

　　コラム　日本の電力事情　68

8.4　再生可能エネルギー　　69

8.5　バイオマスとバイオエタノール　　72

9　水　素　社　会 **75**

9.1　水素社会に向けた取り組み　　75

9.2　水素とアンモニア　　76

9.3　水　素　の　特　性　　78

9.4　水　素　の　製　造　　79

　　コラム　合成ガスとフィッシャー・トロプシュ合成反応　80

9.5　水素の輸送と水素キャリア　　82

9.6　燃料電池による水素利用　　82

9.7　その他の水素利用　　83

10　大　気　の　役　割 **85**

10.1　大　　気　　圏　　85

10.2　オゾン層の形成と破壊　　87

10.3　大　気　の　循　環　　89

10.4　酸　　性　　雨　　90

　　コラム　酸と塩基　91

10.5　エアロゾルの効果　　93

11　海　洋　の　す　が　た **95**

11.1　海洋のはたらき　　95

11.2　海　水　温　の　上　昇　　96

11.3　海　水　面　の　上　昇　　97

　　コラム　海面上昇による沿岸都市のすがた　98

11.4　海　洋　酸　性　化　　99

11.5　海　洋　汚　染　　100

　　コラム　クジラのおなかからプラスチック　102

11.6　日　本　の　海　洋　　102

vi　目　次

12　豊 か な 大 地 ………………………………………………………… **103**

12.1　土地利用の変化　*103*

12.2　淡 水 の 利 用　*104*

コラム　水の化学　*104*

コラム　浸透圧と逆浸透　*106*

12.3　森林破壊の可能性　*107*

コラム　EF ポリマー　*108*

12.4　乾燥地の砂漠化　*109*

12.5　窒素とリンによる汚染　*110*

12.6　土 壌 汚 染　*111*

コラム　PFAS と PFOS について　*112*

12.7　水質汚濁と水質汚染　*114*

13　公害問題と化学物質 ……………………………………………… **117**

13.1　公 害 問 題　*117*

コラム　光化学オキシダント　*118*

13.2　大 気 汚 染　*119*

13.3　ダイオキシンと関連物質　*120*

13.4　環 境 ホ ル モ ン　*122*

コラム　化学物質審査法について　*122*

13.5　薬 害 問 題　*124*

14　地球環境の限界 ………………………………………………………… **127**

14.1　プラネタリー・バウンダリー　*127*

14.2　持続可能な開発目標　*129*

14.3　生物多様性の保全　*131*

15　人の暮らしと健康 …………………………………………………… **133**

15.1　食 品 の 保 存　*133*

15.2　健　　　康　*134*

15.3　洗 濯 と 清 掃　*134*

15.4　ご み 問 題　*136*

索　引 ………………………………………………………………………… **139**

環境問題の歴史

18 世紀半ば	産業革命　[p. 1 (1 章)，p. 41 (6.4 節)]	
1880 年代	足尾銅山鉱毒問題：田中正造らによる住民運動　[p. 111 (12.6 節)，p. 117 (13.1 節)]	
1895	ナショナル・トラスト (英国) 設立　[p. 1 (1 章)]	
1900 年代初頭	ハーバー・ボッシュ法の開発 (アンモニア合成)　[pp. 76-78 (9.2 節)，p. 110 (12.5 節)]	
1920 年代	フィッシャー・トロプシュ合成法の開発 (炭化水素合成)　[pp. 80-81 (9.4 節コラム)]	
1940 年頃	原子爆弾，原子力発電の開発　[p. 14 (3.5 節)]	
1952.12	ロンドンスモッグ事件 (石炭燃焼による SO_X やばい煙)　[p. 118 (13.1 節)，p. 119 (13.2 節)]	
1950 年代	イタイイタイ病　[p. 118 (13.1 節)]	
1955〜	森永ヒ素ミルク中毒事件　[p. 112 (12.6 節)]	
1950〜60 年代	四大公害病 (熊本と新潟水俣病，イタイイタイ病，四日市ぜんそく)　[pp. 117-118 (13.1 節)]	
1950〜60 年代	スモン病事件　[p. 124 (13.5 節)]	
1962	レーチェル・カーソン (米国)『沈黙の春』発表　[p. 2 (1 章)]	
1960 年代	ベトナム戦争における枯れ葉剤の使用 (ダイオキシン被害)　[p. 120 (13.3 節)]	
1960 年代	ロサンゼルス型スモッグ (自動車排気ガス)　[p. 118 (13.1 節)，p. 119 (13.2 節)]	
1960 年代	サリドマイド事件　[p. 124 (13.5 節)]	
1968	カネミ油症事件 (PCB)　[p. 121 (13.3 節)]	
1968	大気汚染防止法の制定　[p. 119 (13.2 節)]	
1970 年代	光化学スモッグ問題 (日本各地)　[pp. 118-119 (13.2 節)]	
1973	化学物質審査法の制定　[p. 112 (12.6 節コラム)，p. 122 (13.4 節コラム)]	
1970〜80 年代	薬害肝炎事件　[p. 125 (13.5 節)]	
1977〜1990	香川県豊島事件　[p. 111 (12.6 節)]	
1980 年代	薬害エイズ事件 (血友病治療，HIV)　[p. 125 (13.5 節)]	
1987	モントリオール議定書の採択 (オゾン層破壊物質)　[p. 88 (10.2 節)]	
1993	環境基本法制定　[p. 119 (13.1 節)]	
2000〜	東京・豊洲土壌汚染　[p. 111 (12.6 節)]	
2001	ストックホルム条約 (POPs 条約) の採択　[p. 121 (13.3 節)]	
2002	土壌汚染対策法の制定　[p. 112 (12.6 節)]	
2009	プラネタリー・バウンダリーの概念提案 (ストックホルム大学など)　[pp. 127-128 (14.1 節)]	
2011	福島第一原子力発電所事故　(原子力発電所について　[p. 14 (3.5 節)])	
2015	SDGs を含む 2030 アジェンダの採択 (国連)　[p. 129 (14.2 節)]	

環境問題の歴史　　ix

2015 年 12 月	COP21 パリ協定(地球温暖化対策：1.5 ℃ 目標)　　［p. 40(6.3 節コラム)，p. 42 (6.4 節)］
2017 年 12 月	水素基本戦略の策定　　［p. 75(9.1 節)］
2018 年 6 月	海洋プラスチック憲章の採択　　［p. 101(11.5 節)］
2018 年 10 月	IPCC「1.5 ℃ 特別報告書」採択　　［p. 40(6.3 節コラム)］
2021 年 6 月	プラスチック資源循環促進法の制定　　［p. 101(11.5 節)］
2021 年 10 月	第 6 次エネルギー基本計画の発表　　［p. 75(9.1 節)］
2023 年 2 月	GX 実現に向けた基本方針の策定　　［p. 63(8 章)］
2023 年 6 月	水素基本戦略の改訂　　［p. 75(9.1 節)］

略　号

AIDS（acquired immune deficiency syndrome）　エイズ　　［13 章］

AR5/6（5/6th Assessment Report）　IPCC の第 5/6 次評価報告書　　［5, 6, 7, 10, 11 章］

BOD（biological oxygen demand）　生物学的酸素要求量　　［12 章］

CCS（carbon dioxide capture and storage）　二酸化炭素回収貯留　　［7 章］

CCUS（carbon dioxide capture, utilization and storage）　二酸化炭素回収利用貯留　　［7 章］

CDR（carbon dioxide removal/recovery）　二酸化炭素除去（回収）　　［6, 7 章］

CFC（chlorofluorocarbon）　クロロフルオロカーボン　　［10 章］

COD（chemical oxygen demand）　化学的酸素要求量　　［12 章］

COP（Conference of the Parties）　UNFCCC の締約国会議　　［6, 8, 10, 11 章］

DAC（direct air capture）　（CO_2 の）直接空気回収技術　　［7 章］

DDT（dichlodiphenyltrichloroethane）　正式名：1,1,1-trichloro-2,2-di-(4-chlorophenyl)ethane
　　［1, 13 章］

EEZ（exclusive economic zone）　排他的経済水域　　［11 章］

EOR（enhanced oil recovery）　石油増進回収法　　［7 章］

EU（European Union）　欧州連合　　［8, 13 章］

EV（electric vehicle）　電気自動車　　［9 章］

FIP（Feed-in Premium）　固定価格買取制度（プレミアム）　　［8 章］

FIT（Feed-in Tariff）　固定価格買取制度　　［8 章］

FCV（fuel cell vehicle）　燃料電池車　　［9 章］

G7（Group of Seven）　世界主要 7 カ国（フランス，米国，英国，ドイツ，日本，イタリア，カナ
　ダ）　　［11 章］

GDP（Gross Domestic Product）　国内総生産　　［8 章］

GX（green transformation）　グリーン・トランスホーメーション　　［8 章］

HCFC（hydrochlorofluorocarbon）　ヒドロクロロフルオロ炭素　　［10 章］

HFC（hydrofluorocarbon）　ヒドロフルオロ炭素　　［6, 10 章］

HIV（human immunodeficiency virus）　ヒト免疫不全ウィルス　　［13 章］

IEA（International Energy Agency）　国際エネルギー機関　　［7, 8 章］

IPCC（Intergovernmental Panel on Climate Change）　気候変動に関する政府間パネル　　［5, 6, 7,
　10, 11 章］

ISEP（Institute for Sustainable Energy Policies）　環境エネルギー政策研究所　　［8 章］

ITER（International Thermonuclear Experimental Reactor）　国際熱核融合実験炉　　［3 章］

JMA（Japan Meteorological Agency）　気象庁　　［5, 6, 7, 10, 11 章］

LPG（liquid petroleum gas）　液化石油ガス　　［9 章］

MCH（methylcyclohexane）　メチルシクロヘキサン　　［9 章］

NASA（National Aeronautics and Space Administration）　米国航空宇宙局　　［6, 10, 11 章］

NDC（nationally determined contribution）　温室効果ガス排出削減目標　　［8 章］

略　　号　**xi**

NEDO (New Energy and Industrial Development Organization)　国立研究開発法人 新エネルギー・産業技術総合開発機構　［7 章］

NGO (non-governmental organization)　非政府組織　［12 章］

NOAA (National Oceanic and Atmospheric Administration)　米国海洋大気庁　［7 章］

OECD (Organization for Economic Co-operation for Development)　経済協力開発機構　［8, 12 章］

OPRC (Oil Pollution Preparedness, Response and Cooperation)　油汚染準備，対応および協力　［11 章］

PCB (polychlorinated biphenyl)　［12, 13 章］

PFAS (perfluoroalkyl and polyfluoroalkyl substances)　ペルフルオロアルキルおよびポリフルオロアルキル化合物　［12 章］

PFC (perfulorocompound)　ペルフルオロ化合物　［6 章］

PFOA (perfluorooctanoic acid)　ペルフルオロオクタン酸　［12, 13 章］

PFOS (perfluorooctanesulfonic acid)　ペルフルオロスルホン酸　［12, 13 章］

POPs (persistent organic pollutants)　残留性有機汚染物質　［13 章］

3R：reduce (使用抑制；廃棄物抑制)，reuse (再使用)，recycle (再生利用)　［2, 15 章］

5R：3R に refuse (余分に受け取らない)，repair (修理して使う) を加える　［2, 15 章］

SDGs (Sustainable Development Goals)　持続可能な開発目標　［12, 14 章］

SRM (solar radiation management)　太陽放射管理　［6 章］

2,4,5-T (2,4,5-trichlorophenoxyacetic acid)　2,4,5-トリクロロフェノキシ酢酸　［13 章］

UAE (United Arab Emirates)　アラブ首長国連邦　［8 章］

VOC (volatile organic compound)　揮発性有機化合物　［10, 12, 13 章］

VRE (variable renewable energy)　変動性再生可能エネルギー　［8 章］

WHO (World Health Organization)　世界保健機関　［13 章］

WMO (World Meteorological Organization)　世界気象機関　［11 章］

ギリシャ文字

アルファ	A	α	イオタ	I	ι	ロー	P	ρ
ベータ	B	β	カッパ	K	κ	シグマ	Σ	σ
ガンマ	Γ	γ	ラムダ	Λ	λ	タウ	T	τ
デルタ	Δ	δ	ミュー	M	μ	ウプシロン	Y	υ
イプシロン	E	ε	ニュー	N	ν	ファイ	Φ	ϕ
ゼータ	Z	ζ	グザイ	Ξ	ξ	カイ	X	χ
イータ	H	η	オミクロン	O	o	プサイ	Ψ	ψ
シータ	Θ	θ	パイ	Π	π	オメガ	Ω	ω

倍数を表す接頭語

倍　数	接頭語	記　号	倍　数	接頭語	記　号
10^{-1}	デ　シ	d	10^{1}	デ　カ	da
10^{-2}	センチ	c	10^{2}	ヘクト	h
10^{-3}	ミ　リ	m	10^{3}	キ　ロ	k
10^{-6}	マイクロ	μ	10^{6}	メ　ガ	M
10^{-9}	ナ　ノ	n	10^{9}	ギ　ガ	G
10^{-12}	ピ　コ	p	10^{12}	テ　ラ	T
10^{-15}	フェムト	f	10^{15}	ペ　タ	P
10^{-18}	ア　ト	a	10^{18}	エクサ	E

1 はじめに

　私たちはこの地球に生まれ，その地上で生活している．幸いなことに四季に恵まれた美しい日本の環境は私たちの生活を豊かなものにしてくれている．しかし，いま異常といわれる夏の暑さに耐えてこの原稿を書き進めている．国連事務総長に"地球沸騰の時代"といわしめ，日本でも2023年9月の新聞に観測史上（1875年以降）最も暑い夏であったという記事が出ている．2023年8月の平均気温は27.48℃で，これまで最高だった2010年の27.07℃を大きく上回っている．2024年8月の平均気温（27.16℃）は前年よりもやや低かった．これらのデータは気象庁が日本の気温を記録するために選んでいる15箇所の平均気温であるが，富山県高岡市では8月（2023年）の31日間すべてが最高気温30℃以上となる真夏日を記録した．ヒートアイランド現象の影響が加わる都市部の暑さはさらに厳しかった．東京，名古屋，大阪，福岡の中央地区の4観測所では，8月（2023年）の平均気温が29.58℃となった．

　世界各地における山火事の多発も温暖化のせいであろう．この異常気候により，私たちの生活環境も変化してきているのではないだろうか？　こういうことを考えながら，この本を書いている．英国南極観測局の研究チームは，温室効果ガスを減らしても，地球温暖化の進行によって南極西岸の棚氷が融けるのを止められない恐れがあり，すべて融けてしまえば世界の海面は最大約5m上昇する可能性がある．対策が遅すぎたと述べている．さらに，北極に近いアラスカなどでは永久凍土の融解が始まっており，海面上昇の問題だけでなく，古代（約3万年前）のバクテリアやウィルスが復活し，人類に新しいリスク（病気）をもたらす可能性があると警告している．

　早くから自然環境保護の必要性を広く訴えたのは，19世紀の英国であり，産業革命のため急速に自然環境が失われるなか，1895年に「ナショナル・トラスト」という非営利団体を設立し，自然環境という資産を寄付や買取で入手し，守っていくという方法をとった．その中心になったのは，英国で最も自然景観がすばらしい

とされる湖水地方である．湖水地方におけるナショナル・トラストの設立には詩人のワーズワース（W. Wordsworth, 1770〜1850），美術家で社会運動家のジョン・ラスキン（J. Ruskin, 1919〜1900），そして「ピーターラビットの絵本」の作者であるビアトリクス・ポター（Beatrix Potter, 1866〜1943）の3人がかかわっている．世界でベストセラーとなった絵本の印税は膨大なものであり，その印税で湖水地方の自然を守るために土地や田園を購入していき，遺言によっていまでも自然保護に用いられている（カバーの画像参照）．田園は農家に委託して昔ながらの農業が続けられており，自家製の蜂蜜や缶詰が観光客に売られている．いまでは，ナショナル・トラストの運動は世界に広まっており，日本ナショナル・トラスト協会も設立されている．

　さらに現代的な問題として環境保護の重要性を取り上げたのは，米国の生物学者レイチェル・カーソン（Rachel L. Carson）であり，1962年に著書『沈黙の春』でDDTをはじめとする農薬の危険を警告した．その後の研究で，DDTなど環境中に漏れた化学物質の中に内分泌に作用して生態に有害な影響を及ぼすものがあることもわかった（"環境ホルモン（内分泌かく乱物質）"といわれる）．このような地球環境の問題は，このまま放置すれば，私たちの子孫が生存基盤を失いかねない深刻なものになりつつある．漫画家の坂口尚氏が"動物も人間もさ，地球に間借りしてるんだって思ったらどうだい！"と書いているそうだが，私たちもそういう気持ちで借り物の地球を大事にしよう．

　環境問題にはいろいろな原因が複雑にからんでいる．それらの原因を解きほぐして理解し，解決に結びつけていくためには基礎科学として，物理と化学，そして地学や生物学の理解も必要になる．この本では，おもな環境問題を取り上げ，それにかかわる基礎科学を学び，地球と大気，太陽，そして宇宙まで私たちの世界にみられる環境から，身近な生活にかかわる生活環境，食糧，リサイクル，ごみ問題などについても考える．

　以上のような現状を踏まえて，環境問題については多くの研究者が研究を進めている日進月歩の分野であり，この本の内容も本屋に並ぶ頃には新しい研究結果によって改良されているところがあるかもしれない．たとえば，2024年3月の日本化学会における学会賞として工藤昭彦氏（東京理科大）の水分解によるグリーン水素の製造と二酸化炭素還元による炭素燃料の製造のための光触媒の設計・開発（人工光合成）が表彰されている．

2 私たちの生活

　私たちの日々の生活にかかわる生活環境から考えてみよう．穏やかな気候，きれいな空気と水，豊かな土壌から得られる食糧，太陽の恵み，これらを支えるものと壊すもの，これらの問題を考えていこう．

2.1　太 陽 の 恵 み

　地球は太陽の放射によって温められており，約 15 ℃ の環境で生活することができる．昼の光も届けてくれ，植物を育て，食糧も育ててくれる．もし太陽のない暗黒の地球だったら生物の誕生もなかったであろう．

　6.2 節で述べるように太陽から受け入れるエネルギーと地球から放出されるエネルギーはうまくバランスが取れた状態になっており，温暖な気候が満喫できるのだ．しかし，このバランスを崩す要因が生まれると容易に気候は変化し，温暖化などの影響が現れてくる．このような気候変動のバランスはいったん限界点を超えてしまうと取り返しのつかない変化になってしまう可能性がある(6.4 節，14 章)．この地球を守るために，その限界を超えないために私たちはどうしたらよいのだろうか．それがこの本の重要なテーマの一つである．

コラム　太　陽

　太陽は約 50 億年前に誕生し 100 億年の寿命をもつといわれる．その大きさは直径 139 万 km で，地球の 109 倍であり，重さは 33 万倍ある．水素とヘリウムからなる超高温高圧の塊であり，その中心部は 1600 万 K[*]，2000 億気圧になっている．ここで水素がヘリウムになる熱核融合反応によって膨大なエネルギーを生み出し，発生したエネルギーは約 100 万年かかって表面まで運ばれ，熱と光を宇宙に放っている．

　太陽表面は"光球"とよばれ，温度は約 6000 K である．表面は粒状斑とよば

れるつぶつぶ模様に覆われており内部は見えない．これは太陽内部からわき上がってくる高温のガスの泡で生成・消滅を繰り返している．太陽表面には黒点のほか，白斑とよばれ明るく見える高温領域もある．黒点は温度が低い（約 4000 K）ため，黒く見える．黒点の数や形は太陽活動と密接な関係があり，約 11 年周期で増減を繰り返す．

恒星は一般的に，その内部における核融合反応エネルギーによる膨張と重力による収縮の力のバランスで保たれている．太陽よりも重い恒星では，その重さに応じて鉄のような重い元素まで生み出している．私たちの身体を形づくる元素もこのようにして生まれたものであると考えると，私たちは"核融合の星屑"からなるといってもよい．

* K（ケルビン）は絶対温度を表す単位であり，0 K ＝ −273 ℃．

2.2 地球の成り立ち

地球は水の存在によって穏やかな気候が保たれ，生態系が維持されている．大地と海洋があり，そして大気に囲まれている．大地は私たちの生活の場であり，耕地での食糧生産を可能にしている．また，河川や湖沼があり，水によって森林や緑地が育まれ，生態系も保たれている．海も生物多様であり，魚介類や海藻は食糧にもなる．

大気（空気[*1]）は風を生み，酸素を供給してくれる．身のまわりの気体は空気とよばれ，乾燥空気の組成は下に示すように，99.9 ％以上が窒素と酸素，アルゴンからなる．残りの 0.1 ％以下に温室効果を示す二酸化炭素やメタンなどが含まれている．

空気の組成（体積 %）

N_2	78.084	Ar	0.934
O_2	20.948	CO_2	0.032

[*1] 大気圏まで地球を取りまく気体を大気とよび，身のまわりにある水蒸気を含む気体は空気とよばれる．

2.3 物 質 の 循 環

　私たちが20万年前に地球上にホモサピエンスとして誕生して以来，狩猟をし，農耕を始めて，文明を発展させてくることができたのは，地球の状態が大きく変わることなく世代を重ねて生き延びることができたからである．地球規模で生物を絶滅させるような異変が起こることなく，生命を支える物質が変わることなく利用できたということによる．すなわち，生存に必要な物質を消費したとしても，その本体が別のかたちになって再生してくる．そういう状況を物質循環という．5章で，炭素循環と窒素循環，そして水の循環について詳しく説明する．炭素は二酸化炭素のかたちで循環している．窒素は空気の80%近くを占め，アンモニアから窒素酸化物まで種々の酸化状態で循環している．

　地球上で水の循環が起こるのは，太陽からのエネルギーによる．海洋の水が太陽光によって熱せられて水蒸気となり，上空で雲を形成する．雲は流されて海洋だけでなく陸上にも降雨をもたらす．この水は最終的には海洋に戻ってくる．これがおもな過程である．また，海洋の水は地球規模で千年単位の長年をかけて循環している(5.4節)．

2.4 廃棄物とリサイクル

　生活に伴って廃棄物(ごみ)が発生する．少量であれば燃やしたり地中に埋めたりして，自然がもつ浄化能力を利用して処理することができるが，人口が集中する都市ではそういうわけにはいかない．都市では，廃棄物処理のための焼却場などが必要になってくる．

　しかし，私たちにいちばん必要なことは廃棄物を少なくする努力であり，3Rのキャッチフレーズに従うのがよい．reduce(使用抑制)，reuse(再使用)，recycle(リサイクル)であり，"消費を減らして排出を少なくし，再使用できるものは再使用する．そうでないものは原料として再利用する"ということである．最近は，この3Rに加えてrefuse(ごみになるものは受け取らない)とrepair(修理して使う)を加えて5Rということもあるようだが，要はごみを減らすことが目的なので，不要な消費を削減することが重要である．また，リサイクルを実現するためには，分別の徹

底が必要だ．"捨てればごみ，分ければ資源"である．

コラム　燃焼について

通常，可燃物が炎を出すような高温で酸化(酸素との反応)されることを燃焼という．発熱は酸化反応の反応熱に基づく．炭素や水素が完全燃焼すると青白い炎を出すが，炭素(炭素化合物)の燃焼が不完全ですすを出すような場合には炎が赤く見える．たとえば，メタンの燃焼は次の反応式で表される．

$$CH_4 + 2O_2 \longrightarrow CO_2 + 2H_2O$$
メタン　　酸素　　　　　二酸化炭素　水

酸化によって発熱する例は"使い捨てカイロ"にもみられる．鉄粉が酸化されやすいように，水，活性炭，バーミキュライト(ある種の石の微細粉)，塩類を加えて空気を通しやすい不織布の袋に入れ，さらに空気を遮断するプラスチックの袋に入れてある．外袋を破って空気と接触させれば鉄が酸化されて反応熱を出す．鉄が酸化されるのは"さびる"のと同じ反応であり，次のように書ける．鉄さびは水酸化鉄として表される．

$$Fe + (3/4)O_2 + (3/2)H_2O \longrightarrow Fe(OH)_3$$
鉄　　　　　　　　　　　　　　　　　　水酸化鉄

2.5　エ ネ ル ギ ー

私たちは身体を動かすためにもエネルギー[2]が必要であり，食物から栄養として取り込んでいる．生活環境は，電気，ガス(天然ガス)，石油などのエネルギーによって快適に保たれている．しかし，化石燃料の燃焼によって排出される二酸化炭素が環境汚染，そして地球温暖化の原因になっている．原子力発電もあるが，核廃棄物の処理が問題であり，地球科学の専門家グループが"日本に核のごみ(高レベル放射性廃棄物)の処分の適地はない"という声明を公表した(2023 年 10 月)．
私たちが使っているエネルギーは究極的には太陽照射，重力(万有引力)と地熱である．化石燃料は太古の生物であり，当時の太陽エネルギーを閉じ込めたものだといえる．二酸化炭素の排出を抑えるために，再生可能エネルギーを使うことが推奨されるが，太陽電池やバイオマスには太陽エネルギーがかかわっている．水力発電

---

[2] エネルギーとは，仕事ができる能力，あるいは物理学的な仕事に換算できる量の総称であり，位置エネルギー，運動エネルギー，熱エネルギー，光エネルギー，電磁気力などがある．

は水の流れを利用しているが，これは重力からきている．風力発電に使われる風の
エネルギーは，偏西風など地球の自転によるものもあるが，風を起こす空気の流れ
には重力が関係している．膨大な海洋エネルギーを使う取り組みも期待される．波
力発電，潮汐発電，海洋温度差発電などの可能性が研究されている．

3 原子の構造

　元素は原子の種類を表すものであり，原子は原子核と電子からなる．原子核は陽子と中性子からできている．そして，原子核のまわりに陽子と同じ数の電子が取りまいて中性の原子を形成している．

3.1 原子と原子核

　原子は原子核と電子からなり，元素の種類は原子番号で特定される．原子番号は原子核に含まれる陽子の数，すなわち正電荷数を表す．原子核に含まれる陽子の数と中性子の数の和は質量数とよばれ，ほぼ原子量に等しい[*1]．電子の質量は陽子や中性子に比べてきわめて小さいから(約1/2000)である．これらの質量は次の通りである．

$$陽子(proton) : 1.672\,623\,1 \times 10^{-27}\,kg$$
$$中性子(neutron) : 1.674\,928\,6 \times 10^{-27}\,kg$$
$$電子(electron) : 9.106\,389\,7 \times 10^{-31}\,kg$$

　原子量は上で述べたように実際の質量で表すのではなく，質量数 12 の炭素原子を基準にして，^{12}C 原子 1 個の質量を 12.0000 としたときの相対的な値(相対原子質量)で表す．その場合，原子質量単位(原子量 1 に相当する質量)は $1.660\,540\,2 \times 10^{-27}\,kg$ になる．原子は原子番号と質量数で $^{12}_{6}$C のように表すことができるが，C の元素記号により原子番号は 6 であることがわかっているので，たんに ^{12}C のように表せばよい．陽子数(原子番号)で原子は特定されるが，天然には質量数の異なる(すなわち，中性子数の異なる)原子があり，炭素の場合には中性子を 1 個余分にもつ質量数 13 の原子

[*1]　実際の原子質量は陽子と中性子の質量の和より小さい．その差を質量欠損といい，安定な原子ではかなり大きな値になる．陽子や中性子が結合して原子核を形成する結合エネルギーに相当する質量が減少するのである．アインシュタインの特殊相対性理論によると，質量 m はエネルギー E と等価であるとされ，$E = mc^2$ の関係が導かれている(c は光速度)．

10　　3　原子の構造

^{13}C が約 1.07 ％ 存在する(^{12}C が 98.93 ％)．このように陽子数(原子番号)が同じで質量数が異なる(したがって，中性子数が異なる)原子は互いに**同位体**(isotope)であるという．両者は炭素としてほぼ同じ性質をもつ．原子核のまわりには陽子数と同じだけの電子が存在することも，同位体がほぼ同じ性質を示す大きな原因になっている．

3.2　放射性同位元素

　同位体は同位元素ともいう．その性質はほぼ等しいと述べたが，同位体の中には放射線を放出するものがあり，放射性は顕著な性質の違いになる．炭素には中性子を 8 個もつ炭素 14(^{14}C)が微量存在するが，^{14}C はベータ(β)線(電子)を放出して崩壊し ^{14}N になる．この放射性炭素は，コラムで説明するように炭素年代測定に使われる．

　放射線にはアルファ(α)線とよばれるものもあり，放出される α 粒子は陽子 2 個と中性子 2 個からなり $^4_2$He の原子核に相当する．ウラン 238 は α 崩壊してトリウム 234 になる．

$$^{238}_{92}\text{U} \longrightarrow {}^{234}_{90}\text{Th} + {}^{4}_{2}\text{He}^{2+}$$

　もう一つの放射線，ガンマ(γ)線は波長が 10 pm(ピコメートル)以下の電磁波であり，X 線もこの領域の電磁波である．電磁波については 4 章のコラムを参照するとよい．

放射能・放射線に関する単位

ベクレル(Bq)：　1 Bq は 1 秒間に 1 個の原子核が放射性崩壊することを表す．
シーベルト(Sv)：　人体が受けた放射線によってどの程度影響があるかを表す．
グレイ(Gy)：　物質が吸収した放射線のエネルギー量を表す．1 Gy は物質 1 kg 当たり 1 J のエネルギーを受けることを表す．
自然にも放射線が出ており，日本人は平均年間約 2.1 mSv の放射線を浴びている．

コラム　　**放射性炭素年代測定**

　　炭素の同位体の一つ ^{14}C は放射性であり，その半減期は約 5730 年である．すなわち，β 線を放射する次の反応(β 崩壊という)によって，その放射能が約 5730 年で 1/2 になる．

$$^{14}C \longrightarrow {}^{14}N + e^- \,(電子)$$

放射性同位元素 ^{14}C は，大気上層で宇宙線によって生成した中性子と窒素 ^{14}N の核反応によって生じる．水素原子核は陽子にほかならない．

$$^{14}N + {}^1n \,(中性子) \longrightarrow {}^{14}C + {}^1H$$

生成した ^{14}C はただちに酸素と反応して放射性二酸化炭素 $^{14}CO_2$ となり，通常の $^{12}CO_2$ と混合し，大気中では約 $1/10^{12}$ の存在比で定常状態になっている．しかし，二酸化炭素中の ^{14}C が光合成によって植物に取り込まれる（炭素の固定）と，その定常状態から逃れて ^{14}C の量は β 崩壊によって減っていくことになる．動物の炭素源は植物であることから，全生物の ^{14}C 量は光合成されたときから減っていく．したがって，生物の遺骸から得られた試料の ^{14}C 存在比を測定すると，炭素固定の時期を決定することが可能になる．この手法は（放射性）炭素年代測定とよばれ，数百年から 6 万年程度までの有機物試料の年代測定に応用され，考古学や地質学の分野で利用されている．

3.3 原子核の構造

原子核を構成する陽子と中性子（両者を併せて核子という）は強い核力（中間子力ともいう）によって結合している．この核力は電荷をもたない中性子間にも作用しているのでクーロン力のようなものではない．核力は π 中間子（電子の 273 倍の質量をもつ）のやり取りによって生まれると考えられている[*2]．

1970 年代になって，クォークモデルが確立すると，中間子は素粒子ではなく複合粒子であることがわかってきた．また，核力は基本相互作用ではなく，陽子や中性子を形成する強い相互作用の残留力として理解されるようになった．

核力は強力であり，核分裂のエネルギーは巨大になるので，原子力発電のエネルギーを供給する．

3.4 核融合反応

4 章（4.5 節）で述べるように，物質には固体，液体，気体の状態があるが，さらに高温にすると原子や分子が電離して陽イオン（カチオン）と電子に分かれて運動する状

[*2] この考えは 1935 年に湯川秀樹によって予言され，1948 年に加速器によって中間子がつくり出されて証明された．湯川秀樹は，この業績により 1949 年ノーベル物理学賞を受賞した．

態になる，そのようなプラズマ状態においては，正電荷をもつ原子核どうしがクーロン反発を凌駕してぶつかりあうことになる．太陽の中心部では水素とヘリウムが1600万K，2000億気圧という超高温高圧状態のプラズマになって，核融合を起こしている．ここでは水素原子4個からヘリウム原子が1個できる．H原子核は陽子そのものであり，He原子核は陽子2個と中性子2個からなるので，太陽で起こっている核融合は次のように表される．中性子は陽子から陽電子(e^+)を放出してできるが，陽電子は電子と出合うと消滅する．

太陽における核融合：

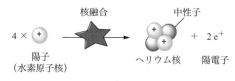

この過程における質量変化を調べると，モル当たりで

  4 H = 4 × 1.00798 g，He = 4.002603 g，$2e^+$ = 2 × 0.00055 g となるので，
  4.03176 − 4.0026 − 0.0011 = 0.03139 g だけ軽くなっている．

この質量欠損はアインシュタインの式：$E = mc^2$ に従って，$E = (3.14 \times 10^{-5}\,\mathrm{kg}) \times (3.0 \times 10^8\,\mathrm{m\,s^{-1}})^2 = 2.8 \times 10^{12}\,\mathrm{m^2\,kg\,s^{-2}} = 2.8 \times 10^{12}\,\mathrm{J}$ と計算できる．すなわち，4 g の水素から 2.8×10^{12} J の熱を放出することになる．これが太陽のエネルギー源である．

地上では太陽の中心部のような高圧をつくることはできないので，代わりに温度を太陽中心よりも1桁高い数億Kの高温にしてプラズマ状態を達成し，核融合を起こすことを考えている．さらに，太陽におけるようなふつうの水素原子Hよりも格段に核融合を起こしやすい同位体の重水素(D)と三重水素(T)を使う．

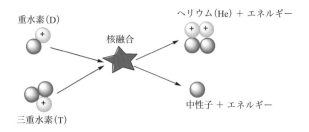

この考えのもとに国際機関が2007年に設立され，国際協力により2014年から開発研究を開始し，2025年運転開始をめざして ITER (International Thermonuclear

Experimental Reactor)という熱核融合実験炉をフランスに建設している．

太陽の高温プラズマは，宇宙に飛び散ってしまわないように太陽自身の重力で引き留めている．これを重力によるプラズマの"閉じ込め"という．しかし，地上の希薄なプラズマを重力で閉じ込めることは不可能である．このような超高温の物質に耐える容器もあり得ない．そこで，プラズマは強磁場によって真空容器内に，壁面に触れないように，保持される．プラズマはイオンと電子，すなわち荷電粒子の集まりなので，磁力線のまわりに巻きついて運動する性質がある（これは電流と磁場の相互作用と似ている[*3]）．この性質を利用してプラズマを閉じ込める．そのために円形の磁場をつくり，その円形磁場に荷電粒子が巻きつくようにすれば，荷電粒子は磁力線に沿って回り続け，その場に留まることになる（図 3.1）．このようにしてプラズマを閉じ込めるのが，トカマク（Tokamak）方式の原理であり，実用化実験が進められている．

トカマク型の核融合装置は図 3.2 に示すような構造になっており，磁場はらせん状になるようにつくられている．上の原理図とは逆にらせん状の磁場がプラズマに巻きついたような形に設計されている．

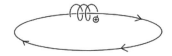

図 3.1　円形磁場に巻つく荷電粒子

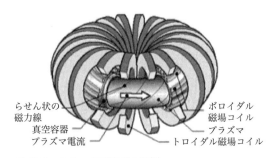

図 3.2　トカマク型核融合装置
　　　［出典：日本原子力研究所那珂研究所 編：核融合炉をめざして——核融合炉研究の進展と拡がり（2000 年 11 月）］

[*3] 電流と磁場の間には高校の物理で習ったように"右ねじの法則（右手の法則）"がある．直線状の電流のまわりに，直交する面内に円周状の磁場が発生する．

トカマク型核融合炉では，ドーナツ状の真空容器内にプラズマ電流を浮かせ，その外側に磁場が生じるように 2 種類の磁場コイルが設置されている．実際の実験装置は外径約 16 m，高さ約 7 m という大きさである．

3.5 原子力発電における核分裂

ウランのような大きい原子に中性子を当てることによって核分裂を起こすことができる．ウランは 92 番目の元素であり，天然のウランは，おおよそウラン 238 (^{238}U) 99.3 % とウラン 235 (^{235}U) 0.7 % からなる．核分裂を起こしやすいのは ^{235}U なので，原子力発電では ^{235}U を 3〜5 % に濃縮して使う．日本で使われている軽水炉型原子炉 (図 3.3) における反応は図 3.4 のように表すことができる．^{235}U はさまざまな分裂を起こして二つの原子核に分かれると同時に，膨大な核分裂エネルギーとともに 2, 3 個の中性子を放出する (ここで，^{238}U はプルトニウムになる)．放出された中性子はさらに別の ^{235}U に衝突して核分裂を起こすので，この核分裂過程は連鎖反応になる．原子炉ではこの反応を制御棒によって制御し (中性子を減速させて) 生成したエネルギーを使う．制御しなければ，爆発に至り原子爆弾となる．

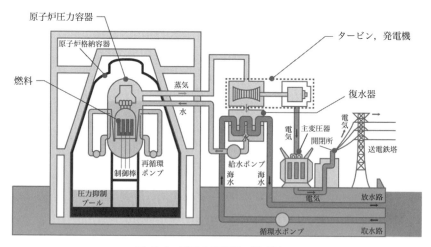

図 3.3　原子力発電所の模式図
[出典：東京電力ホールディングス]

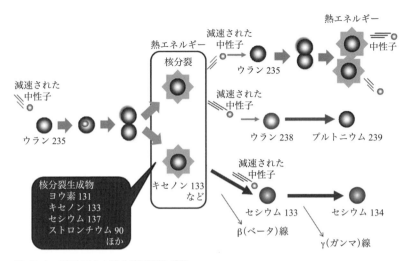

図 3.4　原子炉内の核分裂反応生成物
［出典：環境省ホームページ (https://www.env.go.jp/chemi/rhm/h29kisoshiryo/h29kiso-02-02-03.html)］

4 分子と分子間力

原子がいくつか集まって結びつくと分子になり，電子を失ったり受け取ったりしてイオンになる．原子を結びつける結合はどのようにしてでき，どのように表されるのか．そして，原子が結合してできた分子はどう表したらよいのか．分子は集まって固体や液体をつくり，バラバラになって気体になる．このような状態の変化は分子間力に基づいて起こる．

4.1 化学結合：共有結合とイオン結合

原子がイオンをつくったり，結合をつくったりするときにやり取りする電子は，原子の最外殻の電子（価電子 valence electron という）である．イオンの生成や結合の形成に価電子がかかわっているので，電子を点で表す表現法を用いるのがわかりやすい．元素記号のまわりに価電子を点で表す表記法は，提案者の Gilbert Lewis（ルイス：1875〜1946，米国）の名前にちなんで，ルイス表記とよばれる．おもな原子のルイス表記を表 4.1 の周期表に示す．

いちばん簡単な原子の水素Hは，陽子を 1 個だけもつ原子核と電子 1 個からなる．すなわち，水素原子核は陽子（proton）にほかならない．水素原子Hが 2 個結合して，水素分子 H_2 をつくる．正電荷どうしの原子核は反発するが，その中間領域に負電荷

表 4.1 原子のルイス表記

族番号	1	2	13	14	15	16	17	18
価電子数	1	2	3	4	5	6	7	8
第一周期	H·							He:
第二周期	Li·	Be:	B:	·C:	·N:	:O:	:F:	:Ne:
第三周期	Na·	Mg:	Al:	·Si:	·P:	:S:	:Cl:	:Ar:

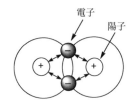

図 4.1 水素-水素原子間の結合の模式図

をもつ電子が2個入ると,電子と原子核との間に静電引力が発生する(図 4.1). この引力相互作用が二つの原子核をつなぎ止め,水素分子 H-H が形成されるのである. すなわち,2個の電子が共有されることによって結合力が発揮されるので,できた H-H 結合は**共有結合**(covalent bond)とよばれる.

原子(あるいは分子)間で電子をやり取りすると,一方が負電荷をもつ陰イオン(**アニオン** anion)になり,もう一方は正電荷をもつ陽イオン(**カチオン** cation)になる. こうしてできたアニオンとカチオンは静電引力(クーロン力)によって引きつけあい結合をつくる. このような結合は**イオン結合**(ionic bond)とよばれる.

たとえば,塩化ナトリウム(食塩)NaCl を考えると,周期表にみられるように,Na と Cl はそれぞれ価電子1個あるいは7個をもつので,次式の左辺のように表すことができる. ここで,Na から Cl に電子1個を受け渡すと,Na^+ と Cl^- になり静電引力で NaCl のイオン結合ができる.

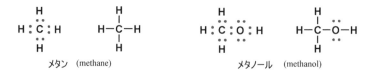

メタン CH_4 とメタノール CH_3OH をルイス式で表すと次のようになる. 複雑な化合物になると,電子点が多くなり見にくいので,右側に書いたように,2電子(電子対)からなる結合を線で表すことが多い.

メタノールの酸素原子はもともと価電子を6個もっていたので二つの結合をつくったあとにも4電子が残っており,メタノール分子の中で O 上の2組の電子対になっている. 共有結合に関与する電子対は**共有電子対**(または結合電子対)とよばれ,O 上にあるような結合に関与しない電子対は**非共有電子対**(または孤立電子対)とよばれる.

分子構造を示すときに，非共有電子対は省略されることも多い．

4.2 分子の極性

周期表(表4.1)の中で，同じ周期の原子は右にいくほど原子核により多くの陽子をもっているので正電荷が大きく，より強く電子を引きつける傾向がある．したがって，たとえばアルコールのO−H結合の結合電子対は，Oのほうに偏っている．また，フルオロメタンCH_3FのC−F結合の結合電子対はFのほうに偏っている．有機分子によくみられるN，O，ハロゲン原子(ヘテロ原子とよばれる)は，CやHと結合すると，その結合電子がヘテロ原子のほうに偏っている．ヘテロ原子をもつ分子は分子全体として電荷の偏りをもっていることが多い．そのような分子は**極性分子**とよばれる．電子の偏りを示すためには，分子内の原子上に生じる部分電荷をδ+ あるいはδ− で示す．

極性分子の例：

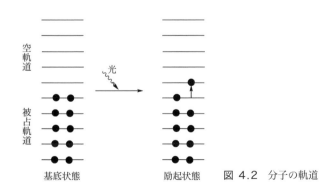

4.3 結合の軌道表現

分子の中の多数の電子はエネルギーの異なる分子軌道に所属している．軌道のエネルギーは連続的ではなく，図4.2に示すように飛び飛びになっているこれは原子の中

図 4.2 分子の軌道

で電子がK殻，L殻，M殻のようにエネルギーの違う層に所属して存在しているのと似ている．また，一つの分子軌道には2電子まで入ることができ，エネルギーの高い軌道には電子が入っていない．このような軌道は空(から)なので空軌道とよばれる．このように複数の分子軌道をもつ分子に光を照射すると，軌道のエネルギー差と同じエネルギーをもつ光を吸収して，電子が1個エネルギーの高い空軌道に遷移して励起状態になる．

コラム　電磁波

電磁波(electromagnetic wave)とは，電場と磁場が互いに直交して振動しながら進行するエネルギーの流れである．電磁波は波長(あるいは振動数)によって，そのはたらきも違い，図のように分類される．

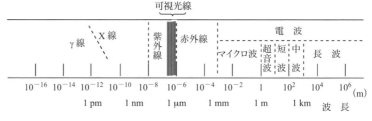

図　電磁波
(マイクロ波の波長は1mm～1mであるが，波長1mm～1cmの電磁波をミリ波ということもある．)

波長 λ(ラムダ)と振動数(周波数ともいう)ν(ニュー)の間には逆数関係があり($\nu = c/\lambda$)，振動数 ν はエネルギー E に比例する．すなわち，次式の関係がある．

$$E = h\nu = hc/\lambda = 1.20 \times 10^{-2}/\lambda \quad (\text{kJ s mol}^{-1})$$

ただし，h は Planck 定数(3.99×10^{-11} kJ s mol^{-1})，c は光速(3.00×10^8 m s^{-1})であり，波長をm単位で表している．

電磁波のエネルギーは振動数に比例するので，**短波長であるほどエネルギーは高い**．エネルギーの高い γ 線，X線，紫外線は殺菌に用いられ，人体には悪影響がある．これは，細胞組織を破壊できるほど高いエネルギーをもつからであるが，この作用を利用して γ 線はがん治療や脳腫瘍除去のような医療に使われる．X線はレントゲンやCTなど医療に使われるが，長時間照射するとがんになりやすくなる．紫外線は長時間浴びると皮膚がんの原因になる．

可視光はだいたい波長380～780 nmの光をさし，人が色として見ることのできる光である．赤外線は熱線としてヒーターに使われ，温度センサーやリモート

センシングにも用いられる．マイクロ波領域の電波は電子レンジに用いられ，電波は通信や放送に使われる．波長の長い電磁波が通信に使用されるのは，雨や霧などの障害物に強く，ビルなどにも反射されにくく，回折によって障害物の影にもまわり込むことができるという利点があるからである．長波長の中でも，国際ラジオには短波が，航空無線などには中波が，潜水艦への通信には長波が使われている．波長の短い電磁波は回折せず直進性が高いという特徴があり，可視光のレーザー通信のほうが電波通信よりも情報量を増やすことができる．

4.4 分子構造とスペクトル

　ある分子について吸収する光の波長(あるいは振動数)と吸収強度(吸光度)を記録したものを吸収スペクトル(spectrum)という．紫外可視領域の吸収スペクトルは分子の電子状態を反映しており，赤外領域の吸収スペクトルは分子の結合の振動状態を反映している．

　上で述べたように，分子軌道の軌道間のエネルギー差が小さいほどエネルギーの低い長波長の光を吸収することになる．共役化合物はその共役系が大きくなり分子軌道の数が多くなるほど，軌道のエネルギー差が詰まってきて長波長の光を吸収するようになる(表4.2)．エテン(吸収波長162 nm)やブタジエン(217 nm)は紫外線しか吸収しないので無色だが，共役系が大きくなる(隣接した二重結合が多くなる)と，エネルギーの低い長波長の光を吸収するようになる．共役した二重結合が8個くらいあると可視光を吸収して色が見えるようになる．二重結合を11個もつβ-カロテンは，ニン

表 4.2　ポリエンの吸収スペクトル

ポリエン	分子軌道の エネルギー差 / eV	λ / nm
===	18.1	162(気体)
/\/	14.5	217
/\/\/	12.7	256
/\/\/\/	11.8	304
β-カロテン		479

β-カロテン(ニンジンなどの黄橙色)
β-carotene

ジンなどの黄橙色の色素である．自然のもっと多彩な色は，もっと大きな共役系をもち窒素や酸素などのヘテロ原子を含むものが多い．緑色のクロロフィルは光合成の担い手である．下にクロロフィル a の構造を示したが，植物に広く含まれるクロロフィル b は側鎖が少し異なる．図 4.3 にその紫外可視吸収スペクトルを示す．

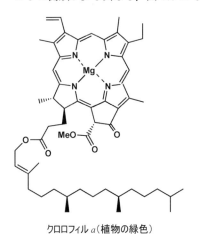

クロロフィル a（植物の緑色）
chlorophyll a

図 4.3 クロロフィルの吸収スペクトル
[出典：Wikipedia "クロロフィル" を参考に]

　可視光が吸収されると，その補色が見える．たとえば，450 nm の青色の光が吸収されると橙色が見え，640 nm の赤色光が吸収されると青緑色が見える．その結果，私たちは色彩豊かな世界に住んでいるといえる．

　分子のエネルギー状態を決めているのは電子だけではない．分子を形成している結合は，固定的なものではなく，その強さに応じて伸縮したり結合角を変化させたりしている．すなわち，振動している．振動のエネルギーにも一定のエネルギー差があり，そのエネルギー差は赤外線のエネルギーに相当する．すなわち，赤外吸収スペクトルは結合の振動を反映しているので，分子の結合状態を反映している．

　6.3 節で説明するように，温室効果の大部分は大気中の水蒸気 H_2O や二酸化炭素 CO_2 の赤外吸収によって起こっている（図 6.3 に CO_2 の赤外吸収スペクトルを示している）．地球の熱は赤外放射によって宇宙へ放出されているが，水蒸気や二酸化炭素が赤外吸収によってそれを大気中に留め，地球に逆放射するので温室効果の原因になっている(6.1 節，地球のエネルギー収支に関する図 6.1 参照)．

4.5 分子間力と物質の状態

　物質には，一般的には，固体，液体，そして気体の状態がある．気体をさらに高温にすると，分子が電離し陽イオンと電子に分かれて運動している状態になる．この電離した状態を**プラズマ**(plasma)といい，物質の第四の状態である．自然界でみられるプラズマ状態には雷の稲妻やオーロラがあり，ネオンサインの輝きもプラズマ状態からきている．太陽から出ている太陽風はプラズマの流れである．

　私たちが通常目にする分子の固体，液体，気体の三状態は分子間力（相互作用）によって説明できる．分子間の相互作用の大きさと個々の分子の熱運動エネルギーの大きさの違いによって気体，液体，固体の状態が決まる．液体状態では分子は互いに引力相互作用をもちながら運動しているが，温度が高くなると熱運動エネルギーが大きくなり，分子はバラバラになって自由に飛び回るようになる．この状態が気体状態であり，この境界温度が沸点である．固体状態ではそれぞれの分子は一定の位置に固定されて小さな振動をもっているだけである．温度を上げると振動が大きくなりその位置を保てなくなり，互いに相互作用をもちながら動き出すと融解して液体になる．その温度が融点である．

　分子間の相互作用は，本質的に静電力に基づいている．分子は原子の結合によってできており，結合には電子が関与していることを説明してきたが，分子を構成している原子の種類が異なる場合には分子内の電子に偏りが生じる．このような**極性分子**は部分的な正電荷(δ+)をもつ部位と部分的な負電荷(δ-)をもつ部位が生じるので，分子間で静電相互作用（クーロン力）をもつことができる．

極性分子間のクーロン力

　アルコールの O-H 結合のように電子を引きつける力の大きい原子に結合した水素原子は結合電子対の偏りによって電気的に陽性になっており，別の原子の非共有電子対とかなり強い相互作用をもつ．このような相互作用は**水素結合**とよばれる．

水素結合

24　　4　分子と分子間力

　炭化水素のように極性をもたない分子の場合にも，分子内の電子はつねに動いており瞬間的には電荷の偏りを生じ他の分子と引力相互作用をもつことができる．このような相互作用は**分散力**とよばれる．水素結合以外の分子間力は，まとめて**ファンデルワールス**(van der Waals)**力**とよばれる．

　分子間のこのような引力相互作用によって液体が形成されており，この分子間力の強さが沸点に反映される．たとえば，表 4.3 に示すような例がある．ここにあげた炭化水素(プロパン)と分子量のよく似た酸素化合物の沸点は，分子量に関係なく大きく変化している．極性をもたないプロパンの沸点は低く極性が大きくなるに従って沸点は高くなる．水素結合をもつエチルアルコールとプロパンでは 100 °C 以上の沸点差がある．

表 4.3　分子量のよく似た化合物の沸点

化合物名	構造式	分子量	沸点 / °C
プロパン	$CH_3CH_2CH_3$	44	−42.1
ジメチルエーテル	CH_3OCH_3	46	−23.6
アセトアルデヒド	$CH_3CH=O$	44	20.2
エチルアルコール	CH_3CH_2OH	46	78.4

5 資源と物質の流れ

　地球が約46億年前に誕生し，現在の人類ホモサピエンスが20万年ほど前に生まれて文明を発展させてきた．その後，生物の絶滅を来すような大きな気候変動もなく恒常的な地球環境が保たれてきた．このような状態が保持されるためには，物質が同じように存在することが重要である．その意味で物質循環について考える．人間の役に立つ物質は広く“資源”と称されるので，最初に資源の流れについて考える．

5.1 資源の流れ

　現代の私たちの生活は大量生産・大量消費・大量廃棄を続けてきたが，環境保全のためには，資源の利用を抑制し，資源を最大限活用・リサイクルし，廃棄物を最少化する効率的な循環型社会に移行していくことが重要である．そのためには資源の採取，消費，廃棄がどのようになっているか，その流れを知ることが必要だ．とくに廃棄物・リサイクルに向けて，廃棄物などの発生とその量，循環的な利用・処

物 質 と 資 源

　物質 (material) とは，いわゆる“もの”のことであり，原子でできており，質量と体積をもっている．

　資源 (resource) とは，人間の生活や生産に利用できるすべてのものをさしている．エネルギー資源や水資源も重要である．人的資源とか観光資源というような言葉もあるがこの本では考えない．人間活動に伴ってゴミが出てくるが，ゴミも分別しリサイクルすれば資源になるし，焼却の際の熱を利用すればエネルギー資源にもなる．ここでは，主として人間の生活や生産に利用できる天然資源について考える．

26　5　資源と物質の流れ

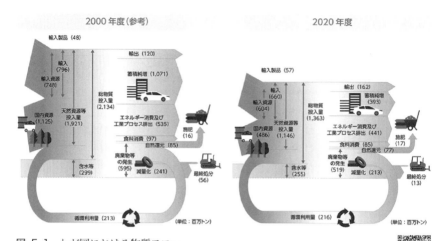

図 5.1　わが国における物質フロー
［出典：環境省，令和 5 年度 環境・循環型社会・生物多様性白書(2023 年)，p. 146］

分の状況，それに対する取り組みがどうなっているか，その全体像は物質フローとして図 5.1 のようにまとめられる．この図では，2020 年度の状況を 2000 年度と比較している．

わが国の資源は限られており，多くの資源・製品が輸入されている(約 50 % を輸入に依存している)．それに対応して，資源・製品の循環利用(リサイクル)率を増やすことが一つの目標になっている．この循環利用率は，図 5.1 によれば，2000 年のほぼ 10 % から 2020 年には約 15.9 % まで向上しているが，その後は伸び悩んでいるとのことである．

国内の経済社会に入ってくる国内外の資源・製品の総投入量は 2020 年には 13.6 億トンになっており，2000 年当時の 21.3 億トンから大幅に削減されている．最終処分量は 2000 年の 5600 万トンから 2020 年には 1300 万トンまで減少している．国民 1 人当たり 1 日のゴミ排出量も約 1.2 kg から 2020 年には 0.9 kg まで減少し，国民の意識の変化にも大きなものがあったことがわかる．ごみ問題については，15.4 節で生活の立場から見直す．

5.2　炭 素 循 環

生物は炭素で組み立てられ，炭素は二酸化炭素 CO_2 のかたちで循環している．

図 5.2　二酸化炭素の循環
CO$_2$ 量の単位：億トン／年
　%　大気への CO$_2$ 排出総量に対する割合
　%　大気への CO$_2$ 排出総量に対する残留または吸収割合
[出典：IPCC(国連の気候変動に関する政府間パネル)の第 6 次評価報告書(AR6, 2022)に基づいて NTT 宇宙環境エネルギー研究所によって作成された図(https://www.rd.ntt/research/JN202212_20362.html)]

空気中の CO$_2$ の大半(約 60 %)は植物に吸収され，光合成によって糖に変換されて植物の成長に利用され，それが動物の食料にもなる．動物は酸素を吸ってエネルギーをつくり，活動して CO$_2$ を排出する．植物や他の生物体(有機物)は究極的には土壌で微生物によって分解され，CO$_2$ として排出される．図 5.2 には地球上における炭素循環のまとめを示している．

海洋には大量(約 35 %)の CO$_2$ が吸収され，やがて排出される．人間活動の拡大により CO$_2$ の発生が増大しているといわれるが，地球規模で考えると，人間活動による排出量はわずかなもの(4.9 %)である．しかし，わずかとはいえ，産業革命以降に化石燃料の燃焼などから生成した過剰な CO$_2$ は地球温暖化の大きな原因になっている(6.5 節)．

5.3　窒素循環

窒素 N は，安定な気体 N$_2$ として大気(空気)の主成分(78 %)であり，生態系にはタンパク質やアミノ酸のかたちで含まれている．その窒素の循環は図 5.3 のようにまとめられる．自然界では，窒素固定細菌やマメ科の根にある根粒菌によって空気中の窒素 N$_2$ が固定され，アンモニア NH$_3$ に還元されて植物の成長に使われてい

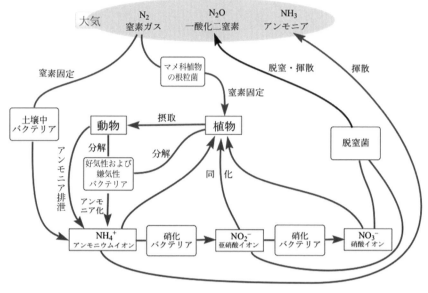

図 5.3 窒素循環

る．20世紀になって，アンモニアが工業的に大量に合成されるようになり(9.2節)，農作物を育てるためには化学肥料として窒素肥料が大量に使われ，食糧生産に貢献している．しかし，このため窒素循環に大きな変化が生じた．過剰な肥料は環境汚染の原因にもなっている(12.5節)が，最終的には空気中で酸化されて窒素酸化物 NO_X になる．工場，火力発電所や自動車の排気ガスにも化石燃料の燃焼による窒素酸化物 NO_X が含まれている．これらの NO_X (NO と NO_2) は光化学スモッグの原因になり，酸化されて硝酸になり酸性雨の原因になる(10.4節)．また，大気中から成層圏に送り込まれるとオゾン層破壊の原因になる(10.2節)．

5.4 水 の 循 環

地球は"水の惑星"といわれるように，水の存在によって生態系が維持されており，気候も平準化されている．この水の重要性については，かつてギリシャの哲学者タレスは"万物の根源は水である"といったし，日本には"命の水"という言葉があるように，水はかけがえのないものである．このことを忘れてはいけない．

5.4 水の循環　29

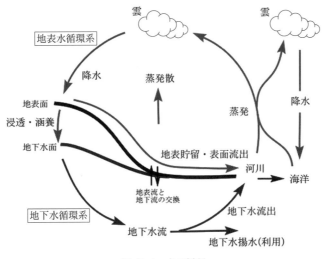

図 5.4　水の循環

　地球上には 14 億 km^3 あまりの水が存在すると推定され，地表の約 70％が水に覆われているというが，その 97.5％は海水であり，陸地の河川や湖沼にある淡水は 2.5％にすぎない．その水は太陽からのエネルギーによって循環している．湖沼や海洋の水が太陽光によって熱せられて水蒸気となり，上空で雲を形成する．海洋の雲も流されて海洋だけでなく陸上にも降雨をもたらす．この水は地下水として蓄えられるものもあるが，植物を育て，飲料水にもなり，最終的には海洋に戻ってくる (図 5.4)．

　海洋でも，長期間をかけて起こる全地球的 (全球的) な水の循環がある．海洋は上部の暖水層と下部の冷水層に別れるが，表層の暖水は海上の風によって海流をつくっている．この暖水が北極圏のグリーンランド沖と南極の大陸棚周辺で冷却され，重くなって底層まで沈み込んだあと，ゆっくり移動して表層に戻るという地球規模の対流を起こしている (図 5.5)．この海流は海水の水温と塩分による密度差によって生じるものであり，深層大循環ともよばれ千年スケールで起こっているという．水温の高い表層水が北大西洋で大気に熱を出すので，ヨーロッパは高緯度であるにもかかわらず温暖である．水は，その間に熱エネルギーを全地球に分配するという役目も果たしている．

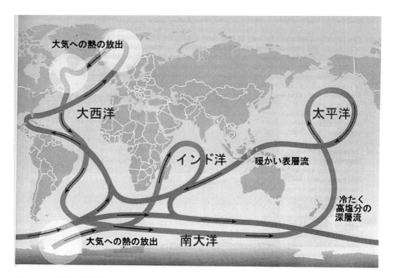

図 5.5 深層大循環
［出典：IPCC（2001）のデータから気象庁が作成した図．気象庁ホームページ
（https://www.data.jma.go.jp/kaiyou/db/mar_env/knowledge/deep/deep.html）］

5.5 地下資源のいろいろ

地下資源にどのようなものがあるか，その範囲と分類はさまざまで簡単ではない．

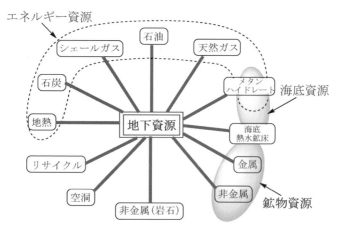

図 5.6 地下資源の種類

金属資源(鉱物資源)やエネルギー資源という名称は問題ないと思うが，岩石も立派な資源だ．建設材料になるし，石灰岩はセメントの原料になる．空洞でさえ，利用できれば資源である．鍾乳洞のように観光資源に利用されることもあるし，食料の貯蔵に使われることもある．そのような地下資源を図5.6にまとめる．エネルギー資源については8章で述べるが，その大部分は地下資源である．

5.6　鉱物資源と非金属資源

　金属を含む鉱石は鉱物資源とよばれ，重要な地下資源である．金属の種類は非常に幅広く，その特性も金属によって異なる．図5.7の周期表に示すように，金属は通常大きく2種類に分けて考えられる．一つは，埋蔵量・産出量とも多く，精錬が比較的簡単なベースメタルである．

　もう一つは，産出量が少なく，あるいは抽出の難しいレアメタル(希少金属)であり，貴金属も含まれる．レアメタルの定義は時代とともに変化し，解釈の仕方によって変化することもある．電子機器などに使われ，貴重であるため古くなった機器から回収して使われるので"都市鉱山"という表現も使われる．

- ・ベースメタル：鉄，アルミニウム，銅，亜鉛，スズ，鉛
- ・レアメタル：レアアース類(希土族)，チタン，コバルト，ニッケル，リチウム，マグネシウム，モリブデン，タングステン，インジウム，ウランなど．
- ・貴金属：金，銀，白金，パラジウム，ロジウム，オスミウム，イリジウム，ルテニウム．

　日本は，これらの金属のほぼすべてを輸入に頼っている．国内にも鉱物資源がまったくないわけではないが，産出量が少なく，環境問題などから生産コストが見合わず，利用されていない．

　このように日本では鉱物資源に恵まれないので，政府は安定に供給できるように次のような対策をとっている．① 海外資源の確保，② 備蓄，③ 省資源・代替材料の開発，④ リサイクル，⑤ 海洋資源開発．この中でも，③ 省資源・代替材料の開発，④ リサイクルは，高い産業技術をもつ日本が得意とするところであり，実現が期待される．

　非金属資源には，次に列挙するように，工業材料や建設材料に利用されているものが多い．ダイヤモンドや硫黄も地下資源である．

- ・石灰石：セメント原料，鉄鋼製造に使用．

5 資源と物質の流れ

図 5.7 金属を示す周期表
[出典：資源エネルギー庁ウェブサイト (2018-03-22) (https://www.enecho.meti.go.jp/about/special/tokushu/anzenhosho/koubutsusigen.html) 一部改変]

5.6 鉱物資源と非金属資源　　33

- ケイ石・ケイ砂(石英を多く含む)：高品位のものはレンズ，ガラス，研磨剤，陶磁器の原料，金属シリコンの製造.
- 蛍　石：アルミニウム，鉄鋼精錬，セラミック工業に使用.
- 黒　鉛：電極，耐火煉瓦，鉛筆の芯.
- セッコウ：セメントの凝結緩和剤，不燃ボード.
- 粘土・陶土：窯業，陶管，瓦.
- リン鉱石：リン酸肥料，薬品や農薬の原料.
- 花崗岩，大理石など：建築・建設資材.

6 エネルギー収支と気候変動

　地球は太陽からエネルギーをもらって，(私たちの国では)温暖な気候を保っている．大気も含めて地球が得るエネルギーと失われるエネルギーがほぼバランスを保つことによって，地球の気候が保たれている．すなわち，地球のエネルギー収支が正味，差し引きでほぼゼロになっている．しかし，人為的な原因によって近年そのバランスに問題が出てきている．

6.1　地球のエネルギー収支

　地球が得る全エネルギーの99.97％が太陽の放射光によるという．地球大気に注がれる太陽のエネルギー総量は，およそ174 PW (PW：ペタワット，10^{15} W)になる．地球上では緯度や時刻(昼夜)によって太陽放射の角度も強さも異なるが，図6.1に大気全体について平均化した太陽の放射エネルギーの行方を示している．太陽の放射エネルギーは地球大気の(外側)表面積について340.4 W m^{-2}になる．太陽エネルギーの50％近くが地球表面に吸収され，そのすべてが大気を経て宇宙に向けて放出される．その概略が図6.1にまとめられている．

　地球に直接吸収される太陽エネルギー(163.3 W m^{-2})よりも多くのエネルギー(340.3 W m^{-2})が，大気中の水蒸気などの温室効果によって集められ，地球に逆放射されている．もし温室効果がまったくなければ，地球表面の平均温度は $-18\,^\circ$C (これはちょうど $0\,^\circ$F に相当する)になると推定され，凍てつくような世界になっていただろう．自然の温室効果のおかげで快適な 15 $^\circ$C になっている．実際には二酸化炭素やメタンなどの人為的な温室効果ガスのために，気温はさらに高くなってきている．この問題については6.3節で詳しく述べる．

　受ける太陽エネルギーに比べれば，人類の使う化石燃料のエネルギーは約 1.3×10^{13} W (0.025 W m^{-2})で，約0.007％にすぎないが，わずかながら地球自体のもつ

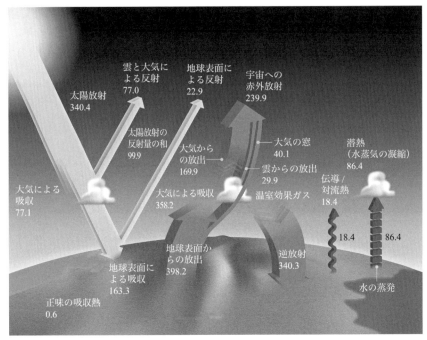

図 6.1 地球のエネルギー収支
数値はすべて W m^{-2} 単位のエネルギーであり，10 年間の平均値である．
[出典：NASA(https://mynasadata.larc.nasa.gov/basic-page/earths-energy-budget)]

エネルギーもある．
- 地熱エネルギー(0.025 %)
  地球内部の放射性崩壊で発生したエネルギーや火山活動によるエネルギー．
- 潮汐によるエネルギー(0.002 %)
  太陽や月などの他の天体と地球との引力によって生じる潮汐力．
- 化石燃料の燃焼によるエネルギー(約 0.007 %)

ここで，太陽エネルギーの行方を整理しておこう．地球に注がれた太陽エネルギーの約 30 % が宇宙に向けて反射され，約 70 % が地球と大気に吸収される．すなわち，地球全体の反射率(アルベド albedo という)はおよそ 0.3 である．吸収されたエネルギーは，その後すべてが赤外線として放射される．すなわち，
- 地球に注がれたエネルギーの 99.9 W m^{-2}(29.3 %)は雲と大気および地表から反射される．

6.2 エネルギー収支と気候 37

- 残りのおよそ 240.4 W m^{-2}(70.6 %)が大気と地球表面に吸収される.
- 温室効果ガスによって逆放射されて地球表面が吸収する熱(340.3 W m^{-2})は太陽の放射エネルギーに匹敵するほど大きい.
- 地表に吸収された熱はすべて大気に向けて放出される. 地表から直接放出されるのは 398.2 W m^{-2} であり, 水の蒸発による蒸発熱や伝熱・対流よる熱 (86.4 + 18.4 W m^{-2})を加えると 503.0 W m^{-2} となり, 吸収された熱 503.6 W m^{-2}(163.3 + 340.3 W m^{-2})よりも 0.6 W m^{-2} だけ少ない. このわずかな熱が地表に残る正味の吸収熱という計算になる.

6.2 エネルギー収支と気候

地球が得るエネルギーと失うエネルギーは地熱や潮汐から得たエネルギーも含めて, 収支はほぼ 0 になる. 地球が得るエネルギーが失うエネルギーを上回れば, エネルギーが熱に変わり地表の気温や海面の温度が上昇することになる. 逆に失われるエネルギーのほうが上回れば, エネルギーのうち熱に変わる量が減ることになり温度は低下する. 実際には, 上述のように 0.6 W m^{-2} が地球に吸収されて残るものとされている.

長い地球の歴史からみれば, 地球が得るエネルギーの変化をもたらす原因としては太陽活動の変化が最も大きい. 太陽活動の大きな変化によって気候の変化がもたらされたこともある. しかし, 近年の地球温暖化の問題は, 18 世紀以降の工業化に基づく人為的な要因によって, 地球のエネルギー収支のバランスが崩れたことによるものと考えられている.

地球から失われるエネルギーの変化をもたらす原因としては, 地球全体の反射率の変化が大きい. 氷は反射率が大きいので, 極(北極と南極)の氷床面積が大きくなると, その分反射によって失われるエネルギーが増大することになる. その結果, 気温が下がり, 下がった気温がさらに氷床の拡大につながる. そのためさらに反射によるエネルギー損失が大きくなり, 気温が下がる. この繰り返しが続けば全地球が氷床に覆われることになる. これが全球凍結仮説の根拠となっている. 逆にある程度以上気温が上がると, 氷床の減少→気温の上昇→氷床の減少ということになり, 気温の加速度的上昇というストーリーになる. しかし, いまのところバランスは保たれている.

温室効果ガスは，大気や地球表面が得たエネルギーをより長く環境に留めるようにはたらき，気温を上昇させることになる(温室効果)．すなわち，6.3 節で述べるように温室効果ガスが増えると，一時的にエネルギー放射が減少して地球表面や大気の温度が上昇し，再び放射が増えることによって安定する．

6.3 温室効果の科学

大気中の水蒸気 H_2O は温室効果をもち，6.1 節でも述べたように，そのおかげで平均気温 15 ℃ という温暖な気候がもたらされている．このような温室効果は，宇宙空間へ放出されるエネルギーの一部が，大気中に含まれる分子によって吸収され分子振動として蓄えられ，赤外放射として地球に逆放射されるために起こる．温室効果ガスには二酸化炭素 CO_2，メタン CH_4，六フッ化硫黄 SF_6 などがあるが，CO_2 がその 99 ％ を占め，18 世紀半ばから産業革命を経て増大量も非常に大きい(280 ppm から 2022 年には 417 ppm に増大)．メタンの温室効果は CO_2 の 28 倍ほどあるといわれるが，その増大量は 1.2 ppm にすぎない．SF_6 の温室効果は CO_2 の 25 000 倍もあるといわれるが，その量はさらに少ない(IPCC AR6[*1]，2021 による)．

日本における温室効果ガスの排出量の推移を図 6.2 に示している．排出量は効果の強さ(地球温暖化係数)に従って CO_2 量に換算してある．2022 年の総排出量は 11 億 3500 万トン(CO_2 換算)であり，前年度よりも 2.5 ％ 減少して，1990 年度以降過去最小を更新した．最大値を示した 2013 年度以降は減少傾向にあり，パリ協定に基づき 2030 年度には 2013 年度比で 46 ％ 削減するという目標を立てたが 2022 年度で 19.3 ％ 減になっている(協定においては 1990 年度基準になっている)．このような CO_2 排出の減少のおもな要因には，省エネの進展，電力の低炭素化(再エネ拡大および原発再稼働)があげられる．

大気中に含まれる成分で温室効果を示すものには，ほかにオゾン O_3 や一酸化二窒素 N_2O などもある．PFCs と HFCs のフッ素化合物類は，分解されにくいので大気中に漏れると残留して温室効果を示す．図 6.3 に太陽放射と地球からの熱放射の波長領域と温室効果ガスの赤外吸収スペクトルを示している．

[*1] IPCC AR6 は "気候変動に関する政府間パネルの第 6 次評価報告書" の略である(略号表参照)．

6.3 温室効果の科学   39

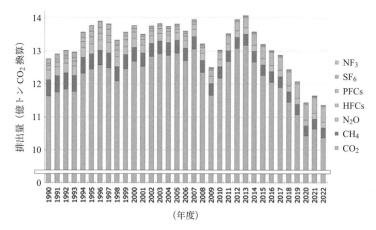

図 6.2　日本における温室効果ガス排出量
PFCs (perfluoro compounds) は C−H 結合の H をすべて F に置き換えた化合物であり，HFCs (hydrofluorocarbons) は代替フロンである (10.2 節参照).
［出典：国立環境研究所，地球環境研究センターニュース (2024 年 7 月号)，Vol. 35, No. 4］

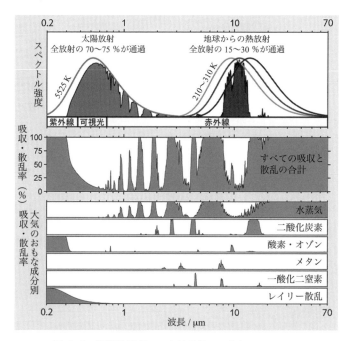

図 6.3　温室効果ガスの赤外吸収スペクトル
　　　　［出典：Wikipedia "温室効果"：R. A. Rohde 作成の図より］

40　　6　エネルギー収支と気候変動

　図 6.3 に示すように，太陽放射は波長約 0.5 μm を中心に可視光を出しており，大気でも吸収されない(温室効果ガスもこの領域の光は吸収しない)ので私たちの目に明るく見える．一方，私たちの目には感じられないが，地球放射は約 10 μm を中心に赤外線を放射している．この領域の放射については，温室効果ガスが赤外吸収として大気中に熱を留めることになる．最も大きな寄与を示すのは水蒸気の赤外吸収であるが，これは人間活動の影響を受けるわけではない．次に大きな影響を与えているのは二酸化炭素 CO_2 による赤外吸収である．産業革命以来，化石燃料の使用など人間活動によって増えてきたのが CO_2 であり，近年の地球温暖化傾向に最も強く影響しているのはこの人為起源 CO_2 である．CO_2 排出量と気温上昇には直線関係が観測されている(7.1 節)．CO_2 の問題はまとめて 7 章で説明する．

コラム　　**地球温暖化：1.5 ℃ 目標と 2 ℃ 目標**

　2015 年 12 月に COP21 において合意されたパリ協定では，地球温暖化を緩和するために温室効果ガス(主として CO_2)を削減する取り組みを次のようにまとめた．世界の平均気温上昇を産業革命以前に比べて 2 ℃ よりも十分低く保つ(2 ℃ 目標)とともに，1.5 ℃ に抑える努力を追究すること(1.5 ℃ 目標)が示され，温室効果ガスの排出量についてはできるだけ早く頭打ちさせ，21 世紀後半には人為起源の温室効果ガス排出量を正味ゼロにする．さらに，2018 年 10 月に採択された IPCC の「1.5 ℃ 特別報告書」では，1.5 ℃ 目標を実現するためには人為起源 CO_2 排出量を 2050 年前後に正味ゼロにする必要があるとした．しかし，これまでに各国が提出した 2020 年以降の排出削減目標をすべて積み上げても，1.5 ℃ 目標はおろか 2 ℃ 目標を実現できる削減量には遠く及ばないことが判明しており，排出削減目標をさらに強化することが必要になっている．

　地球温暖化の結果，世界各地で山火事が起こり，豪雨による洪水もみられている．1.5 ℃ あるいはそれ以上の気温上昇があれば，このような災害がさらに深刻になり，これまで以上に厳しい熱波が頻繁に発生するようになるだろう．気温が上昇すれば，大気中により多くの水蒸気を含むことができるようになり，これまで以上に激しい豪雨をもたらし，一方では気温上昇は水分の蒸発量を増やすので，さらに過酷な干ばつにもつながる．海水温の上昇による膨張と極地の氷山融解のために海面上昇は 1 m にも達し海岸線は後退し，小さな島嶼(とうしょ)国や沿岸部の都市は水浸しになりかねない．2 ℃ 上昇では海面が 10 m も上昇すると予想する専門家もいる．気温上昇は生物多様性の減少につながり，海水温上昇の結果はサンゴ礁を破壊し，海洋生物にも深刻な影響を及ぼす．また，食糧生産への影響も大きく，世界の広範囲で飢餓が生じる可能性がある．最近の報道によると，極地に近いアラスカなどで永久凍土の融解が始まっており，海水面上昇の問題だけでなく，古代(約 3 万年前)のバクテリアやウィルスが復活し，人類に新

しいリスク(病気)をもたらす可能性があると警告している．

気温上昇に対する対策には，省エネや再エネなどの技術の普及により温室効果ガスの排出を削減するだけでなく，CO_2を利用し，取り除く技術も必要である．8章では，そのような観点から脱炭素化についてまとめている．

6.4 気候変動

気候変動とは，通常数十年かそれよりも長い期間にわたって続く気候状態の変化を考える言葉として使われる．気候は地域的な要因に大きく左右されるものではあるが，近年の気候変化には世界的な温暖化傾向がみられ，気温の上昇だけでなく，大雨の頻度増加，風雨による災害などもみられる．地球規模の平均的な気候を決めるおもな因子は，太陽エネルギーとそのエネルギー収支であり6.1節で概観した．このエネルギー収支に影響を与えるものが気候変動の原因になっている．その原因を総合的に調べ，その影響と将来の見通しについても考えよう．

地球史的には，図6.4に示すように氷期と間氷期が約10万年の周期で起こってきた．この気候変動は，主として地球が受け取る太陽の日射量の変動によると考えられている．このような変動は，地球の自転軸の傾きや公転軌道の変化と密接に関係している．2万〜10万年スケールの日射量変動は理論的に計算でき，将来の氷期が今後3万年以内に起こることはないと予測されている．

図6.5には世界的に平均化した気温変化を過去1500年間にわたって示している．この図に明らかにみられる1900年代の急激な気温上昇は，地球史的な日射変動による上昇率にはみられない急激なものであり，産業革命(1800年代)以降，工業化

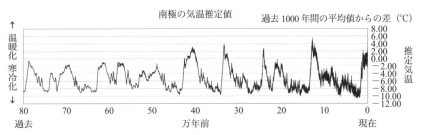

図6.4　10万年スケールの気温変動
　[出典：国立環境研究所，地球環境研究センターにて作成．地球環境研究センターニュース(2023年12月)]

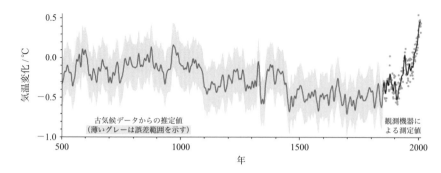

図 6.5 世界平均気温の変化
[出典：NASA, 2009 (https://earthobservatory.nasa.gov/features/GlobalWarming)，グラフは Mann, et. al.（2008）より引用]

に伴う化石燃料の使用による CO_2 排出など，人間活動による人為的なものであると結論されている．

この気温変化の問題については，IPCC や COP で議論されている．2015 年の COP21 では，"工業化 (18 世紀) 以前と比べた世界全体の平均気温の上昇を 2 ℃ より十分低く保つとともに，1.5 ℃ までに抑えるよう努力すること" および "今世紀後半に温室効果ガスの人為的な発生源による排出量と吸収源による除去量とのバランス (カーボンニュートラル) を達成すること" を世界共通の長期目標とするパリ協定が採択された．日本でも「地球温暖化対策推進法」に基づいて温暖化対策計画を策定し，"2050 年までにカーボンニュートラル，脱炭素社会の実現" をめざすことになった．この状況を踏まえて，文部科学省と気象庁の協力により，2020 年 12 月に「日本の気候変動」と題する報告書が出された．この報告書と IPCC の AR6 (2021) に基づいて気候変動の概略をまとめる．

A. 気候の現状

- 人間活動の影響が大気，海洋および陸域を温暖化させてきたことは疑う余地がない．大気，海洋，そして陸域の雪氷圏および生物圏において，広範かつ急速な変化が現れている．
- 気候システム全般にわたる変化の規模とその現状は，数百年から数千年にわたって前例のないものである．
- 人為起源の気候変動は，世界中のすべての地域で極端な気象と気候に影響を及ぼしている．熱波，大雨，干ばつ，熱帯低気圧 (台風) などの極端現象は人間活動の

影響によるものである.

B. 将来あり得る気候

・世界平均気温は少なくとも今世紀半ばまで上昇し続ける. 向こう数十年間に CO_2 などの温室効果ガスの排出を大幅に減少しない限り, 21世紀中に 1.5〜2.0℃ の気温上昇を超える(図6.7に予想される将来の気温上昇のようすを示している).

・地球温暖化の進行により, 極端な高温, 海洋熱波, 大雨が増え, 地域によっては農業と生態に対する干ばつの頻度と強度が増加, 強い台風の増加, および北極域の海氷, 永久凍土の縮小があり得る.

・地球温暖化が続くと, 世界全体の水循環の変動性を強め, 世界的なモンスーンに伴う降水量が増え, 降水および乾燥現象の厳しさも強くなる.

・CO_2 排出の増加が続くと, 海洋と陸域の炭素吸収源の効果が小さくなり, 大気中の CO_2 濃度が大きくなる恐れがある.

・過去および将来の温室効果ガスの排出に起因する変化, とくに海洋, 氷床および世界海面水位における変化は, 数百年から数千年にわたって不可逆的である(もとに戻らない).

C. 将来の気候変動の抑制

・二酸化炭素 CO_2 の累積排出量を制限し, 少なくとも CO_2 の排出を正味ゼロにするとともに, 他の温室効果ガスの排出を大幅に削減する必要がある.

・温室効果ガスの排出量が少ない場合と多い場合とでは, 温室効果ガスとエアロゾルの濃度および大気質(air quality)に対して, 数年内に識別可能な効果をもたらす. この識別可能な差異は, 世界平均気温の変化傾向については約20年以内に自然変動の幅を超えることになるだろう.

6.5 地球温暖化

地球温暖化については, 上でかなり詳しく説明したが, ここでは改めて 1900 年代の急激な気温上昇について, 日本における問題を中心に考える. 図6.5では世界の平均気温変化を 1500 年間にわたって示したが, 1890 年から 2020 年の気温変化を世界平均と日本平均について図6.6aと図6.6bに示す. いずれも 1991〜2020 年の 30 年間の平均値を基準値として各年の偏差値をプロットし, 5年移動平均を曲線で示し, 長期変化傾向を直線で表している. 世界平均気温は 100 年間で 0.74℃ の上昇であるが, 日本の気温は 100 年間に 1.30℃ 上昇している.

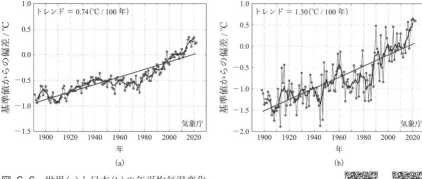

図 6.6 世界(a)と日本(b)の年平均気温変化
1991〜2020 年の 30 年間の平均値を基準値とする.
[出典：気象庁気候変動監視レポート 2020, 2 章, pp. 27, 29 (https://www.data.jma.go.jp/cpdinfo/monitor/2020/pdf/ccmr2020_chap2.pdf)]

温暖化の影響は海洋にも及んでいることに注意しよう(11.2 節参照). 6.4 節でまとめたことについて少し説明を加えると，気温が高くなるほど大気に含むことのできる水蒸気量(飽和水蒸気量)が増加するために，大雨や短時間強雨の頻度や強度が強まることになる．また，台風は海面から供給される水蒸気をエネルギー源としているので，海面水温の上昇に伴って供給される水蒸気量が増えるため，温暖化に伴い台風は強くなる可能性がある．この予想の通り，近年大雨や豪雨による被害が多くなり，台風も増えている．一方では，耕地の砂漠化が進んでいる．また，最近世界各地で起こっている大規模な森林火災や山火事の一因は地球温暖化にあると考えられる．

最後に，IPCC の 2021 年 8 月発表の報告書に基づいて将来の気候変化に関する予測を示しておこう．まず，これまで 20 世紀後半以降の地球温暖化は人間活動の影響である"可能性がきわめて高い"とされていたものが"疑う余地がない"と断定された．そして，五つの前提に基づくコンピュータシミュレーション[*2]により，世界平均気温を図 6.7 のように予測した．その前提となるのは次の五つのケースである．

① パリ協定の 1.5 °C 目標，② パリ協定の 2 °C 目標，③ 現状レベルの温暖化

[*2] 気候変動のコンピュータシミュレーションによる先駆的な研究は真鍋淑郎氏(米国プリンストン大学上席研究員：愛媛県 1931 年生)によって行われ，最初の研究成果は 1964 年に発表された．このシミュレーションは，気象データとは無関係に基礎的な物理法則と地球の状態だけに基づいて行われ，温暖化に対する CO_2 の影響なども予測し，その後の地球温暖化研究の基礎を築いた．この業績により 2021 年ノーベル物理学賞を受賞した．

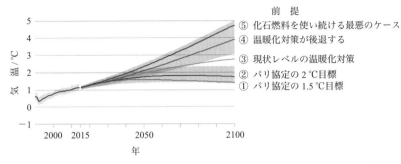

図 6.7 世界平均気温の変化
1850〜1900 年の平均気温を基準値 0 にしている．
[出典：IPCC, AR6, WG1, SPM, 2021（第 1 作業部会報告書 政策決定者向け要約, p. 22, B.5）(https://www.data.jma.go.jp/cpdinfo/ipcc/ar6/IPCC_AR6_WGI_SPM_JP.pdf)]

対策，④ 温暖化対策が後退する，⑤ 化石燃料を使い続ける最悪のケース．

この五つのシナリオについて気温変化の見通しをみると，CO_2 排出を抑えれば（前提①，②）1.4〜1.8 ℃ 程度の上昇で，今世紀後半には低下傾向になると予測している．しかし，現状の温暖化対策以上に脱炭素化しない（前提③〜⑤）場合には，今世紀末には気温上昇が 2.7〜4.4 ℃ になり，5 ℃ の気温上昇も考えられるという．このシミュレーションによれば，脱炭素対策を十分に行い，これまでに蓄積していた温室効果ガス（CO_2）がなくなれば気温上昇は抑えられるということを示しており，希望がもてる．

6.6 気候変動対策の工学

工学（engineering）は科学を応用して，人間の住みやすい環境をつくる学問であるといえる．気候変動を抑えるための工学として気候工学（geoengineering）という研究分野が最近注目されている．気候工学では，太陽放射管理（SRM：solar radiation management）と二酸化炭素除去（CDR：carbon dioxide removal）の二つを目的とする学問だという．

CDR は CO_2 を集めて貯留（海底などに）する方法や化学原料に使う従来法に加えて，海洋に鉄を散布して肥沃化し，植物プランクトンを増やして CO_2 を吸収させようという方法も提案され，実験が行われたが，工学的予備実験にとどまっているようである．この方法が海洋環境に及ぼす影響が不明確であり（生物多様性に影響する恐れがある），

国際的には環境影響評価の枠組みによって規制・監視を行うことがロンドン条約(2008)に基づいて決められ，ペンディングの状態である．

SRM の最も有望な気候工学として提案されているのが"成層圏へのエアロゾルの注入"である．この提案は，大規模火山噴火によって気温低下がもたらされることに基づいている．火山噴火による硫黄ガスが成層圏まで吹き上げられ，硫黄エアロゾルが形成されて太陽光を反射するためであると考えられているからである．最近では 1991 年に起こったフィリピンのピナツボ火山噴火のときに，全球平均気温がピーク時で約 $0.5\,^\circ$C 低下している．

気候工学においては，硫黄エアロゾルをつくるために硫酸を成層圏に注入するという方法が考えられており，火山噴火と違い，時間的にはパルス状ではなく連続的・断続的に注入する．また，空間的にも 1 箇所に集中するのではなく，最適な場所を探して注入することになる．注入する硫酸の粒径(量)によって効果も大きく異なる．CO_2 の放射強制力(温室効果の強さ)を相殺するためには，注入量として年間 5〜10 Mt (Mt：メガトン，10^9 kg)の硫黄ガスが必要とされる．この量は，大気汚染物質として対流圏に現在排出されている量の 1/10〜1/5 にあたる．この効果を適切なモデル計算によって評価した結果は：

気　温：全球平均気温を下げることはできるが，気候変動を完全には打ち消せない．

降　水：水循環を弱める傾向があり，アジア・アフリカのモンスーン領域における降水量減少の可能性もある．

オゾン層：成層圏のオゾン層破壊が促進される．

海氷・氷床：気温上昇の抑制により，海氷・氷床の減少は抑えられる．

急激な温度上昇：何らかの事情で SRM を止めると急激な温度上昇が起こる．

SRM だけに頼って温暖化対策を進めた場合には，CO_2 の滞留時間である数百年・数千年という長期間 SRM を続ける必要が生じる．このような全世界の社会に大きな影響を与える事業には，国際的な理解と協力が必要であるが，専門家の間でも評価の定まっていない未知数の技術に保障を与えることは難しく，まだこれからの技術であろう．

7 二酸化炭素の動向

6章で二酸化炭素 CO_2 が地球の気候に重大な影響を及ぼしていることを述べた．この章では，大気中の CO_2 の濃度と排出源について調べ，CO_2 削減に向けた対策と CO_2 の有効利用について考えよう．

7.1 大気中の二酸化炭素濃度

大気中の CO_2 濃度は産業革命以前の 1800 年には約 280 ppm であったが，2011 年には 391 ppm，2022 年には 417 ppm に達して増え続けている．この間(220 年間)に CO_2 濃度は約 1.5 倍になっている．図 7.1 に 1751 年から最近までの世界平均 CO_2 濃度(黒)と年間排出量(グレー)を示している．1950 年頃から CO_2 排出量が急激に増えていることがわかる．1950 年に 5 Gt(Gt：ギガトン，10^{12} kg) 程度だった CO_2 排出量が，2022 年には 36.6 Gt になっている．2011〜2020 年の 10 年間，各年に排出された CO_2 の半分は海洋や陸地で吸収されていると専門家は推定しており，その残りが大気中の CO_2 濃度に反映されている．黒の曲線は CO_2 濃度が年ととも

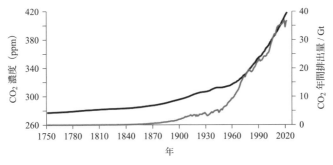

図 7.1 大気中の CO_2 濃度と排出量
［出典：米国海洋大気庁(NOAA)の Climate.gov (https://www.climate.gov/media/14596)］

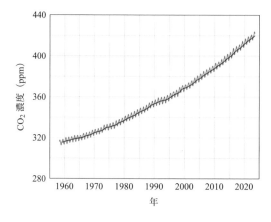

図 7.2 大気中の CO_2 濃度（Mauna Loa 観測所）
〔出典：米国海洋大気庁（NOAA）の Global Monitoring Laboratory（https://gml.noaa.gov/webdata/ccgg/trends/co2_data_mlo.pdf（2024. Aug. 05））〕

に増加していることを示している．その増加速度は 1960 年代には 1 年当たりおよそ $0.8(\pm 0.1)$ ppm であったが，2010 年代には年間 2.4 ppm の割合で増加している．過去 60 年間の CO_2 濃度の年間増加率は，11 000～17 000 年前の氷河期に比べると 100 倍ほどになっているという．

1958 年にハワイの Mauna Loa 観測所が新しく開設され，信頼性の高い機器によって大気中の CO_2 濃度が観測されるようになった．そのデータを図 7.2 に示す．人間活動の少ない太平洋の真ん中でも CO_2 濃度の増加傾向は明らかであり，1958 年に 315 ppm であった CO_2 濃度が，2022 年には 418.56 ppm になっており，世界平均値とあまり違わない．2023 年 5 月の観測値は 424 ppm である．ここでも最近の CO_2 濃度増加率は年間 2 ppm 以上であり，この調子で CO_2 が増え続けると 21 世紀末には 800 ppm に達するであろうと予測している．

人間活動による CO_2 排出は，1800 年代の産業革命以来，化石燃料（石油や石炭）がエネルギー源として使われ，その量が増大してきた．このような人為的に排出された CO_2 のために，炭素循環の結果としても大気中に残留する CO_2 の量が無視できなくなり，地球温暖化の大きな原因になっているのである．図 7.3 に示すように，大気中の CO_2 濃度の経年変化（人為起源 CO_2 の累積量）と気温変化の間に直線関係があることからこの結論が導かれる．

すなわち，世界の平均気温は，1850～1900 年の気温を基準にして，その後の気温上昇が累積 CO_2 排出量とほぼ比例関係にある（図 7.3）．さらに 2050 年までほぼ直線的に温度上昇することが予測されている．この予測の前提①～⑤は 6.5 節の図 6.7 で説明したものと同じであるが，累積 CO_2 排出量を横軸にとった図 7.3 では，

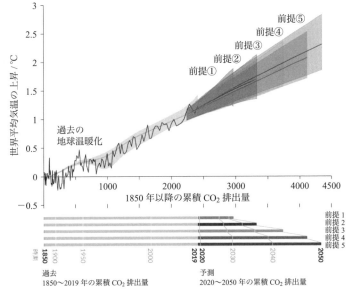

図 7.3 累積 CO_2 排出量と世界平均気温の上昇
[出典：IPCC, AR6, WG1, SPM, 2021 (第 1 作業部会報告書 政策決定者向け要約, p. 28, D.1) (https://www.data.jma.go.jp/cpdinfo/ipcc/ar6/IPCC_AR6_WGI_SPM_JP.pdf))]

前提に関係なくほぼ同じ直線になっている．前提として考えたことは CO_2 排出の対策にかかわるものであり，この結果は気温変化が累積 CO_2 排出量（したがって，大気中の CO_2 濃度）のみに依存していることを意味している．排出 CO_2 量の 1000 Gt 当たりの気温上昇率は平均 0.45 ℃ になっている．これを抑えるためには，人為的な CO_2 排出を正味ゼロにする（カーボンニュートラルを達成する）必要がある．

下の棒グラフは，前提①〜⑤に基づく 2050 年までの累積 CO_2 排出量を示している．パリ協定の 1.5 ℃ あるいは 2 ℃ 目標（前提①または②）を守れば，2050 年にその気温上昇に収まることを示しており，同じ CO_2 排出量を 2030 年までに出してしまえば，その年度までに 2 ℃ 上昇が観測されると予測している．CO_2 排出量が多ければ，一定の累積 CO_2 排出量に早く到達することになり，温暖化が速く進むことを意味している．

7.2 二酸化炭素の排出と吸収

地球上のどこから CO_2 が排出され，または吸収されているかが図 7.4 にまとめられている．正の値が排出量であり，負の値が吸収量である．現在でも，最も多い排出源は化石燃料の燃焼によるものであり，山火事など自然火災から生じる量も無視できない．海洋と陸地は CO_2 を吸収しているので負の値になっている．CO_2 は海洋に溶け，陸地の森林や緑地における植物が炭酸同化を行っている．

日本の温室効果ガス排出量は，環境省のデータによると，CO_2 換算量として 2021 年度には 11 億 7000 万トンになる[*1]が，2013 年度に比べると 20.3％減少している(図 7.5a)．図 7.5b にはその種類と排出割合を示している．約 90％が CO_2 である．

図 7.6 に日本における 2021 年度の温室効果ガスの状況を示している．図 7.6 にはその CO_2 の部門別排出割合を示しているが，約 40％がエネルギー転換部門からきてい

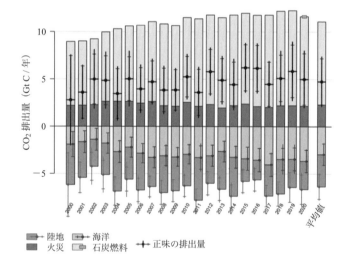

図 7.4 二酸化炭素の発生と吸収
［出典：米国海洋大気庁(NOAA)の Global Monitoring Laboratory (https://gml.noaa.gov/webdata/ccgg/CT2022/timeseries_flux/fluxbars_opt_Global.pdf (2023.Jan.26))］

[*1] 2020 年の CO_2 排出減少は，新型コロナウィルス感染症による経済活動の落ち込みのためエネルギー消費も減少していたことによる．

7.2 二酸化炭素の排出と吸収　51

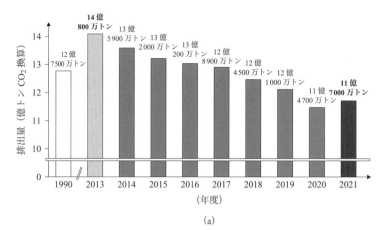

(a)

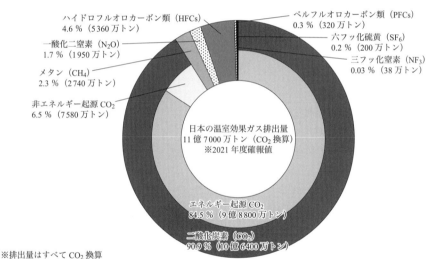

※排出量はすべて CO₂ 換算
※四捨五入の関係で，合計が 100 % にならない場合がある．

(b)

図 7.5　わが国の温室効果ガス排出量の推移(a)と温室効果ガスの種類(b)
　[出典：温室効果ガスインベントリをもとに環境省が作成．環境省 2021 年度（令和 3 年度）温室効果ガス排出量(確報値)について，pp. 4, 6 (https://www.env.go.jp/content/000168210.pdf)]

る．その大部分は発電(その 70 % 以上が火力発電)に由来するものであり，8 章でみるように，日本では一次エネルギーの 80 % 以上が化石燃料に依存し，大きな CO_2 発生源になっている．

図 7.7 には国別のエネルギー起源 CO_2 排出量を示す．図 7.7a と図 7.7b は，それぞ

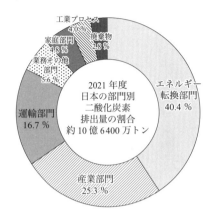

図 7.6　二酸化炭素の部門別排出割合
［出典：環境省 2021 年度(令和 3 年度)の温室効果ガス排出・吸収量(確報値)について(https://www.env.go.jp/content/000128750.pdf)，p. 5 の表をもとに作成］

れ，各国の総排出量と国民 1 人当たりの排出量である．近年の排出量増加は新興国[*2]の経済成長によるところが大きく，世界の総排出量(336 億トン)のうち 60 % 以上が開発途上国からきている．図 7.7b にみられる人口 1 人当たりの排出量は，予想通りに原油生産国で突出している．この CO_2 削減は国際的に難しい問題になっている．

7.3　二酸化炭素の排出源と対策

大気中の CO_2 濃度を下げるためには，残留 CO_2 を隔離する必要があるが，自然作用の光合成，すなわち，炭酸同化(炭素固定)を利用する目的で植樹を行ったり，農法を改善したりするだけでは不十分である．人間活動や工場から排出する CO_2 を削減するためには，その排出源と濃度を知っておく必要がある．

部門別排出源は図 7.6 に示したが，その濃度分布を図 7.8 に示す．データは少し古い(2018 年度)[*3]が，その傾向は興味深い．排出される CO_2 の濃度は産業によってさまざまであり，30 % の高濃度から 1 % あるいはそれ以下の CO_2 として排出される場合もある(空気中の CO_2 はわずか 0.04 % 程度である)．2050 年度にカーボンニュートラルを達成するという政府目標，7.7 億トン(6.4 節)を考えると，低濃度 CO_2 も回収する必要がある．

[*2]　開発途上国のうち高い経済成長を遂げている国を新興国(中国，インドなど)という．
[*3]　最近，2021 年度のデータが発表されたが，排出 CO_2 濃度の分布に大きな変化はない．

7.3 二酸化炭素の排出源と対策

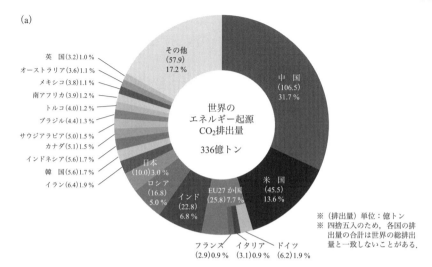

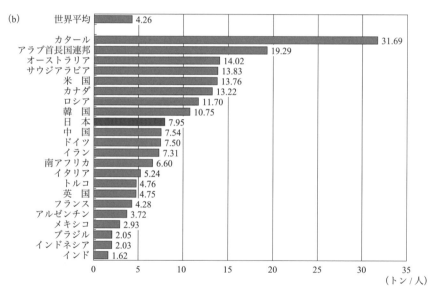

図 7.7 世界のエネルギー起源 CO_2 排出量（2021 年）
　　(a)　国別の総排出量　　(b)　人口 1 人当たりの排出量
［出典：国際エネルギー機関(IEA)，Greenhouse Gas Emission from Energy, 2023 ed. をもとに環境省が作成．環境省ホームページ(https://www.env.go.jp/content/000177854.pdf)］

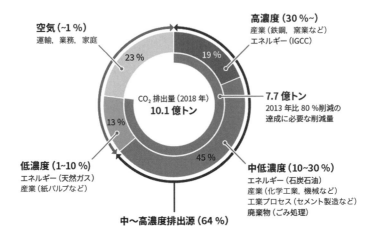

図 7.8 排出 CO_2 の濃度による分類
[© 国立研究開発法人産業技術総合研究所：国立環境研究所「日本の温室効果ガス排出量データ」に基づいて産総研化学プロセス研究部門で作成(https://www.aist.go.jp/aist_j/magazine/20220907.html)]

工場や発電所から排出される CO_2 の回収については，各企業においても重点課題として研究が進められており，排ガス CO_2 を 90 % 以上回収することが可能な高性能の装置も開発され，世界各国に輸出されている．

運輸部門(ほとんどは自動車)の CO_2 排出量は 17 % 程度であるが，自家用の乗用車と貨物車を合わせると約 61 % を占めている．自家用車を使用する際には CO_2 を排出し，温暖化にかかわっていることを，各個人が認識する必要がある．

7.4 残留二酸化炭素の除去と利用

人為的な排出 CO_2 を減少させるためには，人間活動や工場から排出する CO_2 の削減に努力するだけでなく，排出 CO_2 を深海に貯蔵するような技術の開発，また残留 CO_2 を有効利用するための CO_2 変換技術などの研究が行われている．

CO_2 の貯留は CCS(carbon dioxide capture and storage)，分離・貯留した CO_2 を有効活用する場合には CCUS(carbon dioxide capture, utilization and storage)とよばれる．また，空気中から CO_2 を直接取り込む技術は DAC(direct air capture：直接空気回収技術)とよばれる．このような取り組みにより CO_2 排出を差し引きゼロにするカーボンニュートラルの状態をつくることが次世代のために喫緊の課題であり，その開発が国家プロジェクトとして進められている．資源エネルギー庁は，この問題を図7.9のようにま

7.4 残留二酸化炭素の除去と利用

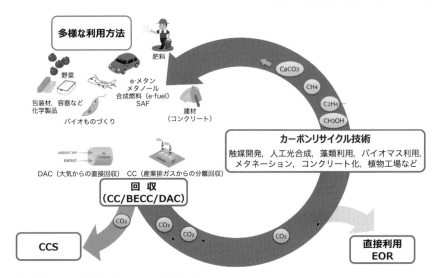

図 7.9 カーボンリサイクルのイメージ
略号：CC(carbon dioxide capture), BECC(biomass energy with carbon dioxide capture), CDR(carbon dioxide recovery), EOR(enhanced oil recovery：石油増進回収法).
[出典：経済産業省カーボンリサイクルロードマップ 2023 年 6 月 (https://www.meti.go.jp/shingikai/energy_environment/carbon_recycle_rm/pdf/20230623_01.pdf)]

とめている．

　CCS の一方法として，CO_2 を深海に貯留するためには，貯留に適した地層(貯留層)を見つけることから始めなければならない．経済産業省の主導で 2012 年から北海道・苫小牧市で大規模実証実験が行われており，2016 年 4 月から港内の海底下に高圧の CO_2 を貯留する作業が開始された．製油所の排ガスの中から CO_2 だけを集めて，海底深く掘った井戸に，年間 10 万トンの規模で 3 年間溜め込む計画であり，2019 年 11 月に予定通り累計 CO_2 30 万トンを圧入した．その後も CO_2 の漏れ出しがないか監視を続けている．CO_2 は貯留層の岩石や砂の間に溜込まれているが，その上にあるしゃへい相という地層は CO_2 を通さないので長期間にわたって安定して貯留できる．2018 年 9 月に起きた平成 30 年北海道胆振東部地震のときには，苫小牧でも震度 5 弱程度の揺れが観測されたが，地上設備に異常はなく，CO_2 の漏れを示すデータも観測されなかった．

　この分野では，国際連携も進んでおり，2015 年には日米共同で CCS の研究開発を

日本化学会でも，その機関誌"化学と工業"2024 年 1 月号に「炭素循環に向けた二酸化炭素有効利用の学理」という特集を組んでいる．

促進するため，協力文書がかわされた．2017年10月には，協力範囲をCCUSに広げることが合意され，ビジネスベースでも協力することが約束されている．

二酸化炭素は炭素の究極的な酸化状態にあることから，その有効利用は通常還元反応から始められる．したがって，詳しくは水素利用の一貫としてCO_2の反応も考える(9章)．

合成ガス(syngas)は種々の炭素原料と水からつくられる一酸化炭素と水素の混合物であり，水素製造法の一つとみなせるが，CO_2の削減にも寄与し，合成燃料や有機化学工業の原料を提供している(9章コラム参照)．最近では合成ガスの製造にCO_2を利用する方法も開発されている．

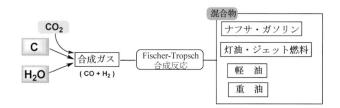

もう一つの大きな流れはメタンとメタノールの製造であり，それぞれ重要な基本的有機化合物である(7.5節)．

二酸化炭素は最終的な燃焼生成物として非常に安定ではあるが，構造式に示すように中心炭素に部分正電荷をもつのでアニオン性の反応種の攻撃を受けて化学変化を起こす．水に溶けると部分的に水が付加して炭酸になり，酸性を示す(11.4節で述べるように，これが海洋酸性化の原因でもある)．CO_2のこの性質を利用して有用な化合物や高分子(ポリマー)に変換することもできる．次に示すのは炭酸エステルの生成反応であるが，その応用反応の例を7.6節で説明する．

さらに，7.7節で説明するように，新しいタイプのコンクリート，シーオーツースイコムは CO_2 を吸収する(吸い込む)建設材料として独創的なものである．

$$2\,Ca(OH)_2 + SiO_2 \xrightarrow{1450\,^\circ C} 2\,CaO \cdot SiO_2 + 2\,H_2O$$

消石灰　ケイ石　　　　　γ–C2S

CO_2 スイコム：コンクリート

7.5　メタネーション

現在実用化されている代表的 CCUS は，排ガスの CO_2 を利用してメタンをつくるメタネーション(methanation)である．メタネーションの反応は次式で表され，発熱反応であり，熱力学的には起こりやすい反応のようにみえるが，実際には触媒がないと反応は進まない．

$$CO_2 + 4\,H_2 \longrightarrow CH_4 + 2\,H_2O \qquad \Delta H = -165\ \text{kJ mol}^{-1}$$

金属触媒を用いるメタネーション反応の歴史は古く，20世紀初頭に Paul Sabatier[*4]

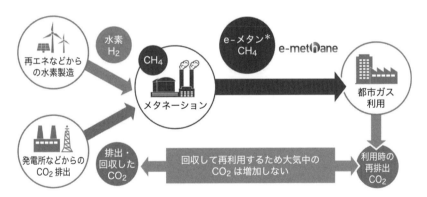

図 7.10　メタネーションの革新的手法
　　* e-メタンとは，再生可能エネルギーを用いて得られるグリーン水素と CO_2 を原料として製造されたカーボンニュートラルなメタンをさす．
　　[出典：東京ガス株式会社]

[*4] Paul Sabatier(1854〜1941：フランス)はこの反応の開発で，グリニャール反応を発見した Victor Grignard(1871〜1935：フランス)とともに，1912年度のノーベル化学賞を受賞した．

(サバティエ)が開発したのでサバティエ反応ともよばれる。水素は水の電気分解によって得ることができるので、H_2 の代わりに H_2O を使う電気化学的な手法もある。また、微生物を用いるバイオリアクターを使う方法もある。これらの研究は、日本では都市ガスのカーボンニュートラル化をめざす大手都市ガス会社は、発電所などからの排ガス CO_2 と再エネを使ってつくった H_2 を原料としたメタンの製造・供給をめざしている。この e-メタンが従来の天然ガス（その多くは輸入されている）由来の燃料に置き換えられる。これらの手法を図7.10 にまとめている。

CO_2 の水素化によるメタノールの合成も何種類かの金属触媒を用いて達成されている。

$$CO_2 + 3H_2 \longrightarrow CH_3OH + H_2O \qquad \Delta H = -49.4 \, \text{kJ mol}^{-1}$$

7.6 二酸化炭素の化学的な利用

上で述べたように、CO_2 は水に溶かすと H_2O が付加して生成する炭酸と平衡状態になる。そのエステル(炭酸エステル)には有用な有機材料になるものがある。

その一つはポリカーボネートである。ポリカーボネートは透明で衝撃に強い、耐熱性のポリマーであり、航空機や自動車、防弾ガラス、パソコン、DVD などにも使われる。以前は毒性の高いホスゲン($Cl_2C{=}O$)とビスフェノールAの反応で合成していたが、旭化成が触媒を開発し、CO_2 からジフェニルカーボネート(炭酸エステル)を経て合成する方法が工業化された。

アンモニア NH_3 と反応させると尿素が生成する。尿素は大量に生産され、それ自体肥料として広く使われているが、尿素樹脂やメラミン樹脂に導くこともできる。

7.7 二酸化炭素を吸収するコンクリート　　59

CO$_2$ + 2NH$_3$ $\xrightarrow{-2H_2O}$ 尿素

ホルムアルデヒド

尿素樹脂

メラミン

$\xrightarrow[-H_2O]{}$

加熱 $-H_2O$

メラミン樹脂
(部分構造)

　低分子の有機化合物も合成できる，代表的な例を 2, 3 示す．上述の炭酸エステルも有用な有機反応剤になる．

CO$_2$ + RMgBr $\xrightarrow{Et_2O}$ RCO$_2^-$ $^+$MgBr $\xrightarrow{+H_2O}$ RCO$_2$H + Mg(OH)Br
カルボン酸

CO$_2$ + ピロール $\xrightarrow{触媒}$ （生成物）CO$_2$H

CO$_2$ + インドール $\xrightarrow{触媒}$ （生成物）CO$_2$H

7.7　二酸化炭素を吸収するコンクリート

　通常のセメントによるコンクリート製造は大量の CO_2 排出を伴っていた．最近では製法が改良され，排気ガスも削減されているがそれでもかなりの CO_2 を排出している．一方，CO_2 を吸収する(吸い込む)ような優れた代替コンクリートが発明・実用化され，建設業に変革をもたらしている[*5].

60   7　二酸化炭素の動向

　その CO_2 吸収型コンクリート "CO_2-SUICOM (商品名：シーオーツースイコム："吸い込む")" から命名" について説明しよう．この新規コンクリート材料 γ-C2S (γ-2CaO·SiO$_2$：dicalcium silicate) は，消石灰とケイ石をロータリーキルンで 1450 ℃ に加熱・焼成して合成される．

$$2\,Ca(OH)_2 \ + \ SiO_2 \ \xrightarrow{\ 1450\,℃\ } \ 2\,CaO·SiO_2 \ + \ 2\,H_2O$$
　　　　消石灰　　ケイ石　　　　　　　　γ–C2S

　こうしてつくられた γ-C2S は，従来のポルトランドセメントや製鉄の高炉スラグ粉末や火力発電から出る石炭灰などとともにコンクリートとして建築や建設に使われる．典型的なコンクリートの配合比率は γ-C2S：ポルトランドセメント：高炉スラグ = 30：30：40 である．その中で，γ-C2S は CO_2 を吸収して固まる (炭酸化養生[*5]といい，20 % の CO_2 に 2 週間ほど曝す)．その CO_2 として火力発電の排気ガスを使うこともできる (その際には硫黄酸化物 SO_X も吸収固定する)．施工後もさらに CO_2 を吸収して，長寿命化した緻密なコンクリートになる．

　従来のコンクリートに比べて，セメントの使用量が半減するだけでなく，固める際に CO_2 を吸収するので CO_2 削減に大きく貢献できる．1 m^3 のコンクリートを従来のセメントでつくると 288 kg の CO_2 を排出することになるが，この製品は製造時に排出された CO_2 量 (91 kg) 以上に固定化するときに CO_2 (109 kg) を吸収するので，差し引き 18 kg の CO_2 を吸収することになる．したがって，従来のコンクリートに比べれば 1 m^3 当たり 306 kg の CO_2 を削減したことになる．

　しかも炭酸化養生により表面が緻密で強度が高く，海水などの浸食を防ぎ，過酷な外部環境にも対応でき，長期にわたって強度を保持する．また，従来のコンクリートが高 pH (12〜13) であるのに対して，CO_2-SUICOM は炭酸化反応によってほぼ pH は中性である．そのため，生物にやさしく，植物も育ちやすい．一般のコンクリートにみられる白華現象の発生も起こらない．

　この "CO_2-SUICOM" は鹿島建設技術研究所の研究者によって開発されたが，この開発を触発したのは，中国西安市郊外の大地湾遺跡から発掘された 5 千年前の住居跡のコンクリートがいまでも強度を保っていることを知ったことにあり，その原因を調べたことから開発が始まった．そのおもな原因は "炭酸化" にあった．その後，

[*5]　https://www.kajima.co.jp/tech/c_eco/co2/index.html：養生 (ようじょう) とは，人の病気の養生と同じような意味で，建築や引っ越しなどの作業中に周辺物を汚染や傷から守るための手当や，コンクリート施工における周辺の保護のことをいう．通常のコンクリート施工では，十分固化するまで，一定温度以上と規定の水分を保つ必要があり，この工程を養生という．γ-C2S は温度と CO_2 雰囲気を一定期間保つ必要がある．この工程を炭酸化養生という．

7.7 二酸化炭素を吸収するコンクリート　　61

"CO$_2$-SUICOM" は改良され，その改良版は "CO$_2$EIEN（エイエン：永遠）" として実用化されている，これは "一万年コンクリート" だと自負されている．

コラム　　新しい二つのコンクリート

　新しい二つのコンクリート，自己修復するコンクリートとコケを育てるコンクリートについて簡単に説明する．詳しくは，引用したウェブサイトを参照して欲しい．

■ **自己修復コンクリート** Basilisk（バジリスク）

　あらかじめコンクリートに塗り込められた特別なバクテリアが，コンクリートのひび割れを修復する．バクテリアはデルフト工科大学（オランダ）の科学者によって海底火山で発見されたものであり，ポリ乳酸とともに粉末状の製品（Basilisk という）にされている（會澤高圧コンクリート株式会社）．Basilisk を生コンクリートに混ぜ込むと高 pH（12〜13）でポリ乳酸は加水分解されて乳酸カルシウムになるが，この強アルカリの状態で，バクテリアは乳酸カルシウムとともに休眠状態になっている．しかし，コンクリートにひび割れが生じて水や空気がしみ込むと pH が 8〜10 に下がり，バクテリアは乳酸カルシウムを餌として分裂し，数を増やしながら活動を始め，乳酸カルシウムを炭酸カルシウムに変換し，ひび割れを埋めていく．　　［自己治癒コンクリート (https://basiliskconcrete.com/en/benefits/)］

■ **コケ・コンクリート** Respyre（レスパイア）

　多孔性の生物受容性コンクリートが回収コンクリート片などの廃棄物からつくられ，Respyre とよばれている．これは苔（コケ）の成長に適している．コケの根（仮根とよばれる）は構造物の表面に浅く広がって張りつくだけであり，たんに接着剤のように作用している．そのため，草などの根のようにコンクリートの割れ目に入り込んで構造物を壊すようなことはない．建物の壁のように鉛直な面にも適用でき，都市緑化に有用である．コケは自重の約 20 倍の水分を保持できる．このシステムもデルフト工科大学関係者によって開発され，オランダ・ライデンの Respyre 社が生産している．　　［Respyre (https://www.gorespyre.com/why-moss)］

　　焼かないで CO$_2$ を使ってつくるタイル：　岐阜県多治見市のタイルメーカー，(株)加納は，Ca(OH)$_2$ を主成分とし，他の鉱石もまぜ，CO$_2$ を吸収させて硬化することによって，焼成することなくタイルを製造することに成功した．このテラウェル（Terrawell）とよばれるタイルは，製造時に CO$_2$ を使って硬化させるだけでなく，施工後も数十年にわたり CO$_2$ を吸収する．調湿，消臭効果をもつが，水分には弱いので，結露や水がかりのない内装に使われる．製造工程だけでなく，施工後にも脱炭素に大きく貢献している．　　［(株)加納 (https://terrawell.jp)］

8 エネルギー資源と脱炭素化

　7章では，二酸化炭素 CO_2 の問題をまとめて説明し，その利用についても述べた．脱炭素化に貢献する例もあげたが，この章では，脱炭素化[*1]の立場から幅広くエネルギー資源について整理し，再生可能エネルギーについても述べる．日本政府は 2023 年 2 月に "GX に向けた基本方針" を決定し発表している．GX (green transformation) とは，化石燃料からクリーンエネルギー中心へと転換し，経済社会システム全体を変革してカーボンニュートラル[*1]な脱炭素社会を実現しようとする取り組みである．その達成のためにはどうしたらよいかということがこの章で考える問題である．エネルギー源としての水素とアンモニアについては 9 章(水素社会)で説明する．

8.1　脱炭素社会に向けたわが国と世界の動向

　世界各国は，2015 年のパリ協定に基づいて，1.5 ℃ 目標に整合的な温室効果ガス排出削減目標(NDC：nationally determined contribution)をあげている国・地域は 150 に上る．これらの国・地域は 2050 年などの年限つきでカーボンニュートラルの実現を表明している．2022 年 11 月にエジプトで開催された COP27 で報告された主要国の削減率は，表 8.1 のようになっている．その達成状況を 5 年ごとに報告することになっているが，COP27 では達率は報告されていない．インドや中国は基準年を 2013 年基準に直すと，削減でなく増大になっている．この間に経済の拡大があったためであろう．2023 年 12 月の COP28(UAE，ドバイ)では，"化石燃料の段階的廃止" は合意に至らず，"化石燃料からの脱却(transition away)を加速する" という表現になった．

　日本政府は，2050 年カーボンニュートラルを実現するために，図 8.1 に示すような

[*1]　**脱炭素(化)とカーボンニュートラル：**　脱炭素は CO_2 などの温室効果ガスの排出をゼロにすることであり，カーボンニュートラルは海洋，土壌，植物などによる CO_2 吸収を考慮して差し引きゼロにすることをいう．

8 エネルギー資源と脱炭素化

表 8.1 主要国の温室効果ガス削減目標・カーボンニュートラル目標

	NDC目標(2030年目標) 削減率	NDC目標(2030年目標) 基準年	(参考) 2013年比の 2030年目標の水準	カーボンニュートラル目標 (ネットゼロ達成時期)
英 国	68％以上	1990年	54.6％減	2050年
ブラジル	50％	2005年	48.7％減	2050年
日 本	46％	2013年	46.0％減	2050年
米 国	50〜52％	2005年	45.6％減	2050年
EU	55％	1990年	41.6％減	2050年
韓 国	40％	2018年	23.7％減	2050年
中 国	65％	2005年	14.1％増	2060年
インド	45％	2005年	99.2％増	2070年

注1 日本の基準年と目標年は"年度"と読み替える．
注2 中国の目標は GDP 当たりの CO_2 排出量の削減率．
注3 インドの目標は GDP 当たりの温室効果ガス排出量の削減率．
［出典：令和4年度エネルギーに関する年次報告（エネルギー白書 2023），p. 52．資源エネルギー庁ホームページ(https://www.enecho.meti.go.jp/about/whitepaper/2023/pdf/whitepaper2023_all.pdf)］

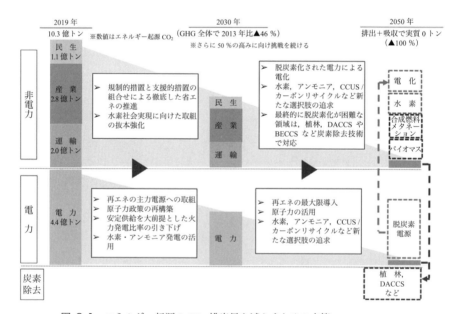

図 8.1 エネルギー起源の CO_2 排出量を減らすための方策
　　［出典：2050年カーボンニュートラルに伴うグリーン成長戦略（本文）（令和3年6月18日），p. 5．経済産業省ホームページ(https://www.meti.go.jp/policy/energy_environment/global_warming/ggs/pdf/green_honbun.pdf)］

ロードマップを発表している．2019 年に使用されていたエネルギー由来の CO_2 排出量 10.3 億トンを，2030 年までに 46 ％削減し，2050 年には実質ゼロにするという目標になっている．

8.2 エネルギー資源

まず，エネルギーの現状について概観し，カーボンニュートラルを実現する方向を考えていこう．図 8.2 に世界主要国の一次エネルギー自給率を示した．一次エネルギーというのは，自然に存在するまま人の手の加わっていないエネルギー源であり，石油，石炭，天然ガスなどの化石燃料，原子力の燃料となるウラン，水力，太陽熱，地熱，風力などの再生可能エネルギーも含まれ，エネルギー資源の主要なものである．エネルギー大国とよばれる多くの国は化石燃料を大量に生産しており，これらは CO_2 を放出する産業革命以来の燃料である．脱炭素エネルギーとしては，原子力発電と水力を含む再生可能エネルギーがあげられる．ノルウェーは水力発電に恵まれ，フランスや韓国は原子力発電に多くを頼っていることがわかる．ノルウェー，オーストラリア，カナダでは自国で必要量以上の一次エネルギーが生産されているが，日本のエネルギー自給率はわずか 11.3 ％であり，多くを輸入に依存している．脱炭素エネルギーとして，将来的に重要視されるのはアンモニアと水素エネルギーであるが，章を改めて 9 章で説明する．

二次エネルギーは，一次エネルギーを変換・加工して，用途に合わせて使いやす

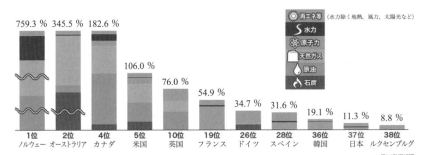

図 8.2 主要国の一次エネルギー自給率の比較 (2020 年)
図中の順位は OECD 38 カ国中の順位．
［出典：IEA World Energy Balances 2021 の 2020 年推計値．資源エネルギー庁ホームページ (2023.09.01) (https://www.enecho.meti.go.jp/about/pamphlet/energy2022/001/)］

くしたものであり，電気，都市ガス，ガソリン，ディーゼル油などがある．水素も，天然にはほとんど存在しないので，二次エネルギーに分類される．

コラム　メタンハイドレートとシェールガス

　天然の燃料として，化石燃料のほかにメタンハイドレートとシェールガス（あるいはシェールオイル）がある．私たちが使っている都市ガスは天然ガスからつくられており，主成分はメタン CH_4 である．同じメタンが，メタンハイドレート(methane hydrate)あるいはシェールガス(shale gas)のかたちで存在する．シェールガスは地下 2000 m より深く存在する硬い頁岩（けつがん：shale）層から採取されるが，その採掘手段はきわめて危険なものであり，日本での採掘は難しい．しかし，北米では 2006 年から採掘が実施され，有用なエネルギー資源として利用されているが，採掘に大量の水を使用することが懸念され排水が適切に処理されないなど環境影響も出ており，ニューヨーク州では 2015 年現在，採掘禁止になっているという．

　一方，メタンハイドレートは日本近海の海底にも豊富に埋蔵されており，有望なエネルギー資源である．その量は膨大であり，国産エネルギー源として期待されている．メタンハイドレートは"氷に包まれた天然ガス"ともいえるものであり，図に示すように，水分子が 20 個つながってできた正 12 面体形のかご状構造（クラスター）の真ん中にメタン分子が入っている（水分子 24 個を含む上下が六角形で正五角形 12 個からなる，もう少し大きいクラスターにメタンが包摂されたメタンハイドレートもある）．クラスターはこのような正多面体構造だけでなく，それからいくらか崩れたものもあるだろう．分子式は平均して $CH_4 \cdot 5.75\,H_2O$ になるとされている．

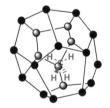

図　メタンハイドレートの構造
小さい球は酸素原子を示し，酸素どうしは水素原子（Hは省略している）を介して水素結合でつながっている．真ん中にメタンが入っている．

　この構造は低温で圧力がかかった状態でないと分解してしまう．日本近海では深海底（400 m よりも深く）3〜4 ℃ で圧力 4 MPa 以上の領域に存在する．このようにしてできたメタンハイドレートは海底の堆積物や砂層の中に存在する．しかし，いまのところ，日本ではこれを採取して利用する技術が開発されていない．北極に近いカナダ，アラスカ，シベリアなどでは永久凍土地帯（年間平均気温が 0 ℃ 以下で，土中が凍っているような土地）でも地中に生成している．

8.3 発電電力量と一次エネルギーの割合

　私たちが最も便利に使っているのは二次エネルギーの電気であるが，その発電において CO_2 発生がどうなっているか調べるために，まず全発電電力量の電源別割合から調べよう．図 8.3 に 2023 年のデータを示す．再生可能エネルギーの割合は 3 % 増加して 25.7 % になった．しかし，日本では化石燃料による火力発電の割合が依然として 65 % 以上を占める状況であり，世界各国から"化石大国"と非難されている．

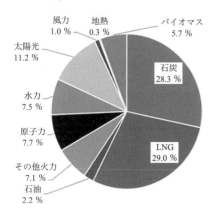

図 8.3　日本全体の電源構成（2023 年速報）
［出典：電力調査統計などより環境エネルギー政策研究所（ISEP）が作成．ISEP レポート（2024 年 6 月 10 日）（https://isep.or.jp/archives/library/14750）］

　一次エネルギー全体では，2021 年には 83.2 % を化石燃料に依存していた（図 8.4）．CO_2 排出が環境負荷になることも問題であるが，化石燃料のほとんど（99 %）が海外から輸入されていることも考えておく必要がある．国際情勢が安定しているときには問題は少ないが，安全保障のためにも長期的な展望のもとにたったエネルギー政策が必要となろう．

　2021 年度の輸入依存度と主要輸入先は次のようになっている．
- 原油（99.7 %）：中東（サウジ，UAE，クウェート，カタール）約 91.9 %
- LNG（97.8 %）：オーストラリア（35.8 %），マレーシア（13.6 %），カタール（12.1 %），米国（9.5 %），ロシア（8.8 %）
- 石炭（99.7 %）：オーストラリア（66 %），インドネシア（12 %），ロシア（11 %）

　家庭で消費されるエネルギーは，わが国で消費される総エネルギー（12 276 PJ）（PJ：ペタジュール，10^{15} J）のうち 15 % 程度である（図 8.5）．これに対応して 2021 年度に家庭から排出された CO_2 の量は全体の約 15 % になる（7.4 節参照）．なお，電力だけ

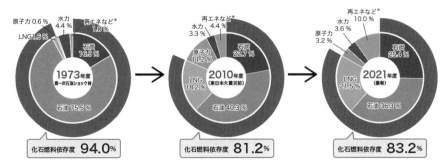

図 8.4　日本の一次エネルギー供給構成の推移
＊　再エネなど（水力除く地熱，風力，太陽光など）は未活用エネルギーを含む．
［出典：資源エネルギー庁"総合エネルギー統計"の 2021 年度速報値．資源エネルギー庁ホームページ（2022.09.01）（https://www.enecho.meti.go.jp/about/pamphlet/energy2022/001/）］

図 8.5　最終エネルギーの消費割合（2021 年）
家庭部門の最終エネルギー消費は，自家用自動車などの運輸関係を除く，家庭でのエネルギー消費を対象とする．
［出典：令和 4 年度エネルギーに関する年報報告（エネルギー白書 2023 全体版），p. 80．資源エネルギー庁ホームページ（https://www.enecho.meti.go.jp/about/whitepaper/2023/pdf/whitepaper2023_all.pdf）］

に限っていえば，家庭での消費量は全体の約 30 ％ になるという．

　二酸化炭素の削減には，科学技術の向上だけでなく，個人レベルでの脱炭素化も重要である．自家用車の使用を低減し，家屋の断熱構造を実現し，節電，節水，そして食品ロスの削減など私たちの日常生活でも心がける必要があるだろう．

コラム　日本の電力事情

　よく知っているように，私たちが日頃使っている電力は，全国 10 エリアに対応して電力会社 10 社から交流電源として供給されており，静岡県の富士川と新潟県の糸魚川を境にして，東日本では 50 Hz（ヘルツ），西日本では 60 Hz になっている．この関係は図のように表される．
　これは日本の電気事業の創設期（1980～1990 年代）に，東京電力の前身の東京電灯がドイツから 50 Hz の発電機を導入し，関西電力の前身の大阪電灯が米国製の 60 Hz の発電機を導入したことに由来する．そこで中部エリアと東京エリアを結ぶ連系設備では，周波数変換設備を用いて交流電気をいったん直流に変換したあと異なる周波数の交流電気に変換している．

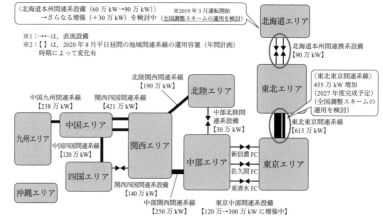

図　日本の電力系統の基本構成と地域間線
[出典：資源エネルギー庁「電力ネットワークの形成及び負担の在り方について」，経済産業省 脱炭素化社会に向けた電力レジリエンス小委員会，(2019.5)，2021 (https://www.meti.go.jp/shingikai/enecho/denryoku_gas/datsu_tansoka/pdf/003_02_00.pdf)]

8.4　再生可能エネルギー

　再生可能エネルギー(再エネ)とは，利用する以上の速度で自然界からエネルギーが補充される資源のことをいう．日本では，2009 年 8 月に施行された再エネの利用促進に関する法律によると，再エネとして太陽光，風力，水力，地熱*2，太陽熱，大気中の熱その他の自然界に存在する熱，バイオマス(動植物に由来する有機物)の 7 種類があげられている．太陽熱の利用については，古くから太陽熱温水器が使われてきた．集光型太陽熱発電は世界的にはスペインや米国など 10 カ国ほどで実施あるいは計画されている(計画中も合わせて 9 GW)．また，オーストラリアでは大規模太陽光発電所(10 GW)のプロジェクトが進められている．
　これらの再エネは利用時に CO_2 を排出せず，国内で得られるのでエネルギー安全保障に寄与できる国産エネルギーとしても意義がある．しかし，エネルギー密度が低い

---

*2　**新しい地熱発電所**：　火山の多い日本は地熱資源に恵まれているが，その利用はまだ限定的である．最近の報道(2024 年 8 月 20 日付け朝日新聞)によると，岩手県八幡平市の安比(あっぴ)に地熱発電所(発電能力，1.5 万 kW)が建設された．深さ 2 千 m の井戸からマグマによって熱せられた蒸気を取り出してタービンを回すという．

再エネを大量に導入するためには広大な土地が必要になるので，日本の限定的な国土面積と生態系への影響を考えると限界があるだろう（上にあげた再エネのうち，バイオマス以外の自然から得られるエネルギーは自然エネルギーともいわれる）．

最近さらに，宇宙太陽光発電の実用化が進められている．宇宙空間に巨大な太陽光パネルを展開するもので，天候や日夜に左右されることなく発電可能であり，発電効率は地上に比べると約10倍になる．ただし，送電に問題があり，マイクロ波あるいはレーザーで安全に送電する方法を開発実験中である．

バイオマスを再エネに分類することには違和感があるかもしれないが，8.5節で述べるような意味で再生されるので再エネに分類されている．これらに加えて，地中熱の利用や海洋エネルギー発電も再エネに数えられる．潮の満ち干を利用する潮汐発電や海流発電，波力発電の開発が行われている．一方，水力発電として電力会社が行ってきた大規模発電には大規模なダムの建設が必要であり，自然破壊や住民の立ち退きにつながる恐れがあるので，新しくダムを建設することは現実的ではない．しかし，中小水力発電（揚水発電）は新しい再エネとして考える意義がある．

風力発電は，偏西風を利用しやすいヨーロッパでは広く利用されているが，日本では適地が少なく限定的である．現在，秋田県沖では洋上風力発電が実現されているが，洋上発電も急峻な海岸が多いため適地は少ない．浮体式洋上風力発電の可能性も検討されているが，台風や津波に対しては安全性に不安が残る．

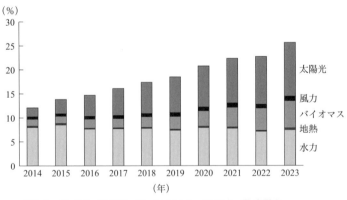

図 8.6 日本の全発電電力量に占める再エネの割合の推移
［出典：電力調査統計などより ISEP 作成．ISEP レポート（2024 年 6 月 10 日）
（https://www.isep.or.jp/archives/library/14750）］

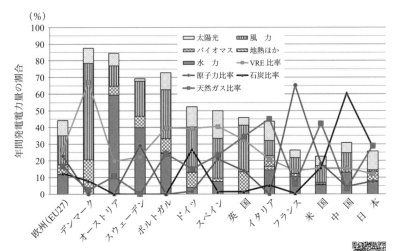

図 8.7　各国の発電電力量に占める再エネなどの割合(2023 年)
VRE(変動性再生可能エネルギー)は太陽光と風力エネルギーを示す.
[出典：Ember(英国のシンクタンク), 英国政府, 電力調査統計などのデータに基づき環境エネルギー政策研究所(ISEP)が作成. ISEP レポート(2024 年 6 月 11 日)(https://isep.or.jp/archives/library/14750)]

8.3 節で, 日本の全電力量における再エネの割合が 2022 年には 22.7％になったことを示した. 2014 年以降の再エネの割合の推移を図 8.6 に示す. 2016 年に約 15％だった再エネの割合が 2021 年まで毎年 1％以上増加して 22％に達したが, 2023 年には前年から 3％増加して 25.7％に達した. この再エネ普及状況は, 2012 年度に施行された政府の固定価格買取制度(FIT：feed-in tariff の略, 2022 年度からは FIP：feed-in premium)によって再エネ発電電気の余剰分が補助金を使って電力会社に買い取られることになっていたおかげであろう. しかし, 最近は再エネによる電力量が増えて, 買取制度がスムースに進まなくなっているようである.

図 8.7 には世界の主要国の再エネの導入状況をまとめている. 再エネの導入では, 1990 年代以降, EU(欧州連合)での取り組みが先行している. 2023 年には, デンマークで再エネの割合が 87％に達しており, 風力だけでも 58％になる. オーストリアでは, 水力発電の割合が 59％あり, 風力とバイオマス発電を加えると再エネの割合が 84.5％に達する. フランスは原発の比率が 65％を超え, 中国は石炭火力の比率が高いという特徴がある.

日本では再エネの中で太陽光発電の割合が高く, この分野の技術開発をリードしていることがわかる. 新しいタイプの太陽電池も開発が進んでいる. 一つは東芝のフィ

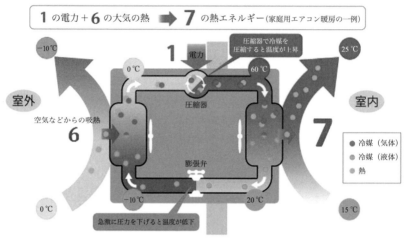

図 8.8 ヒートポンプのしくみ
[出典：一般財団法人 ヒートポンプ・蓄熱センター (https://www.hptcj.or.jp/study/tabid/102/Default.aspx)]

ルム型ペロブスカイト太陽電池であり，とくに効率が高く 16.6 %を達成している．もう一つはカネカの高効率結晶系シースルー太陽電池であり，透明な窓ガラスとしても使える電池である．再エネは脱炭素化の立場から望ましい解決策と考えられているが，大量導入すると，将来(25～30 年先に)大量の廃棄設備が発生することを懸念する向きもある[*3]．

再エネの一つである空気の熱エネルギーを利用する新しい技術にヒートポンプがある(図 8.8)．これは，低温部分から高温部分へ熱を移動させる技術であり，空気中の熱エネルギーを集めて空調(エアコン)や給湯(エコキュート)に利用できる．日本が世界をリードする最先端の技術であり，1 の電気エネルギーから最大 7 (エアコン暖房を電気ヒーターと比較)のエネルギーを生み出すことができる．すなわち，電気消費量は 1/7 と，非常に大きな省エネになっている．

8.5 バイオマスとバイオエタノール

植物やその他の生物由来の廃棄物は，まとめてバイオマスとよばれる(再エネの一つ

[*3] 太陽光パネルのリサイクルを義務化するために廃棄防止法案が提出されることになった(2024 年 9 月)．

ではあるが，自然に存在するものばかりではないので，自然エネルギーには含めない）．燃料として使用する過程で CO_2 を発生するが，植物の成長過程で炭酸同化作用（光合成）により炭素固定しているので，差し引きカーボンニュートラルとみなすことができる．主成分の炭水化物にはデンプンとセルロースがあり，これらはいずれもブドウ糖からできているにもかかわらず，結合様式の違いのために性質は大きく異なる．デンプンは，酒類の製造で行われているように，微生物の酵素で容易にアルコールに変換できる．

セルロースは植物の繊維に含まれ，農作物，草木などの廃棄物にも含まれているので原料としてはより豊富に存在する．バイオマスには，デンプン，セルロース以外の炭水化物も含まれ，リグニンと結合しているものが多い．したがって，バイオマス全般からエタノール（バイオエタノールとよばれる）をつくるためには複雑な前処理が必要となる．前処理された原料を微生物がもつ酵素で発酵させてアルコールに変換する（ウシなどの草食動物の胃の中にもセルロース発酵の酵素をもつ微生物がいる）．バイオエタノールはガソリンに混合して自動車燃料として実用化されている．ブラジルや米国などでは，おもにトウモロコシを原料としてつくられたバイオエタノールを自動車燃料として使用することが義務化されている．

9 水 素 社 会

　二酸化炭素のために地球温暖化が進み，地球が人間の住めない惑星になってしまうことが心配されるようになってきた．私たちの子孫のために脱炭素が緊急の課題になっている．究極の脱炭素エネルギーとして，化石燃料を水素エネルギーに転換してカーボンニュートラルな社会を実現することが進められている．このような水素社会がどのようなものか考えていく．

9.1　水素社会に向けた取り組み

　このような社会変革ともいえる大きなエネルギー転換の取り組みには，政府の支援も必要である．わが国ではカーボンニュートラルをめざして 2017 年 12 月に"水素基本戦略"が世界に先駆けて策定され，2023 年 6 月には，水素社会実現を加速化するために改訂された．この改訂に上げられた重点項目は；
　　（1）　水素供給(水素製造，水素サプライチェーンの構築)
　　（2）　脱炭素型発電
　　（3）　燃料電池
　　（4）　水素の直接利用(脱炭素型鉄鋼，脱炭素型化学製品，水素燃料船)
　　（5）　水素化合物の活用(燃料アンモニア，カーボンリサイクル製品)
であり，2040 年度における水素導入目標を 1200 万トン/年と決定し，規制・支援一体型の制度の構築に取り組むことにしている．
　この間に 2020 年 12 月には"グリーン成長戦略"をかかげ，2021 年には"第 6 次エネルギー基本計画"を決定して水素を新たな資源として活用するとして，計画を進めてきた．
　水素エネルギーを実効的なものにするためには，水素の供給コストが他のエネルギーと競争できるものでなければならない．2022 年には 100 円/Nm^3[*1]で 200 万トン/年の供給量であったものを，2030 年度には 30 円/Nm^3 で 300 万トン/年，2050 年

度には 20 円/Nm³ で 2000 万トン/年と見込んでいる．需要サイドにおける水素利用の拡大のために，発電部門では，2030 年度までにガス火力に 30 % 水素混焼を実施し，さらに水素専焼発電を実現する．石炭火力には 20 % アンモニア混焼の導入・普及を目標におき，アンモニア割合を増やして CO_2 排出を削減する．運輸部門や産業部門，さらに民生部門に対しても燃料電池の使用など水素の利用についていくつかの提案があげられている．一方，必要な水素供給を確保するためには，国内の水素製造を拡充するだけでなく，国際的なサプライチェーンの確立に向けて国際的な取り組みも行っている．

9.2 水素とアンモニア

水素 H_2 はすぐれた脱炭素エネルギーになるが，地球上には単体のかたち(H_2)ではほとんど存在しないので，どのようにして供給するかが大きな問題になる．液化温度が非常に低いため，輸送も簡単ではない．水素のこのような問題の一部はアンモニアを相補的に使うことによって解決できる．アンモニア NH_3 は窒素の水素化物として，水素を出して H_2 と同じようなはたらきをすることもできるし，アンモニア自体もエネルギー源となる．

水素社会では，補助的に再生可能エネルギーとともにアンモニアを用いてカーボンニュートラルを実現する．再生可能エネルギーについては，8.4 節で詳しく述べた．ここでは水素社会の本論に入る前に，アンモニアについてまとめておく．

アンモニア NH_3 を窒素 N_2 と水素 H_2 から合成する方法は，1900 年代初頭にドイツの F. Haber(ハーバー：1918 年ノーベル賞受賞)によって発明され，"空気からパンをつくる"と称されるように，肥料としての窒素源の供給に大きな貢献をした(12.5 節参照)．その後，C. Bosch(ボッシュ)により高圧技術を用いて工業化されたので，この方法はハーバー・ボッシュ法とよばれ，現在でもアンモニアの製造に使われている．この合成法では 400〜600 °C，100〜200 気圧という高温・高圧条件を必要とする．しかも，水素は通常石油，石炭，天然ガスのような化石燃料からつくられており，大量のエネルギーが必要なうえ，大量の CO_2 を発生する．最近では，この問題点を解決するために，この方法に代わる新しいアンモニア合成法の開発研究が進められている．

アンモニアの 80 % は窒素肥料として用いられ，二酸化炭素と反応させて尿素に誘導され，肥料だけでなく，尿素樹脂やメラミン樹脂の製造にも用いられる(7.6 節参

---

*1　Nm³ は，標準状態(0 °C，1 気圧)に換算した 1 m³ のガス量を表す単位．

照). また, ナイロン繊維や薬剤などの原材料としても使われている. さらに, カーボンフリーのエネルギー源にもなる.

ここで, アンモニアの性質を水素, 炭素と比較しておこう. アンモニアは無色透明の気体だが, 強い刺激臭があり, 毒性をもつので, 許容濃度は 25 ppm といわれており, 取り扱いには注意を要する.

	アンモニア NH_3	水素 H_2	炭素 C
分子量	17.0	2.0	12.0
1 気圧における液化温度	$-33.3\,^{\circ}C$	$-252.9\,^{\circ}C$	(固体)
常温における液化圧力	8.5 気圧	(液化しない)	

水素の液化温度は $-253\,^{\circ}C$ と低温なので, 液化水素として輸送するためには, 断熱性の高いコンテナあるいはタンクローリーが必要である. 国内では, 通常, 20〜45 気圧の圧縮水素として輸送することが多いが, オーストラリアからの輸入は断熱性の高い船舶により液化水素のかたちで輸送している(後述). 一方, アンモニアは, 常圧下では約 $-33\,^{\circ}C$ で液化し, 常温では 8.5 気圧で液化する. この液化条件は, LPG の液化条件とほぼ同じなので, LPG と同じように貯蔵・輸送することができる. したがって, アンモニアの取り扱いには LPG のノウハウが適用できる.

酸化と還元:三つの定義

電子を失う変化を酸化といい, 電子を得る変化を還元という.
酸素を得る変化を酸化といい, 酸素を失う変化を還元という.
水素を失う変化を酸化といい, 水素を得る変化を還元という.

エネルギー関連におけるアンモニア利用の一つに, 火力発電の石炭から生成する窒素酸化物 NO_X の除去がある. NO_X は, 次の反応で還元されて無害な N_2 になる(NH_3 が還元剤になっている).

$$NO_X + NH_3 \longrightarrow N_2 + H_2O$$

アンモニアはカーボンフリーの燃料となるが, 単独で燃焼させる技術はまだ確立されていない. 火力発電において化石燃料にまぜて燃やす"混焼"の利用が進められている. NH_3 の燃焼(酸化)は次式のように表すことができる.

$$4NH_3 + 3O_2 \longrightarrow 2N_2 + 6H_2O$$

2020年に発表された「第6次エネルギー基本計画」によると，2030年までに20%の混焼を達成し，2050年にはアンモニア専焼(アンモニア100%)の火力発電を実現するとしている[*2]．アンモニア専焼発電が実現すれば約2億トン/年のCO_2排出量削減になる．2019年現在の日本のアンモニア消費量は約108万トンにすぎないが，約20%をインドネシアとマレーシアから輸入している(最近，中東で大規模なアンモニア生産が進められているので，輸入先の選択肢が増えるだろう)．上の計画では，計算上，2030年には約2000万トン，2050年には約1億トンのアンモニアが必要になるので，アンモニアのサプライチェーンについて検討することが重要になる．ちなみに，2019年の全世界のアンモニア生産量は約2億トンである．

もう一つの問題点は，(アンモニア燃焼時にはCO_2を発生しないが)生産国ではハーバー・ボッシュ法により大量のCO_2を発生しているということであり，地球全球からみると脱炭素にはなっていないことになる．

船舶部門の脱炭素化に向けて，アンモニアを船舶用燃料としての利用する動きもある．また，アンモニアは，9.5節で見るように，水素キャリア(水素を運ぶための物質)としても利用できる．

9.3 水素の特性

水素は電気とともに重要な二次エネルギーである(8.2節参照)．電気は貯蔵や長距離輸送に向いていないが，水素はこの欠点を補って，大量貯蔵が比較的容易である．電気は送電線がないと運ぶことができないが，水素の輸送にはそのような制約がない．たとえば，再生可能エネルギーで生じた余剰電力を使って水を電気分解して水素をつくり，貯蔵しておき，必要に応じて水素発電で電気を取り出すことができる[*3]．

単体の水素H_2をどうつくるか(水素源，水素製造・貯蔵)，どう運ぶか(水素輸送)，どう使うか(水素供給，水素利用)まで，一連の流れ(サプライチェーン)を考えておく必要があるが，この問題に立ち入る前に，水素H_2のエネルギー源として

[*2] 東京電力と中部電力が共同で立ち上げた(株)JERAは，中部工業地帯の碧南火力発電所(出力100万kW)において，アンモニア混焼発電の実証試験を進めている．アンモニア20%混焼発電の試験運転を2024年4月〜6月に行い，2027年には商用運転を予定している．さらに2030年代に50%混焼，2040年代までにはアンモニア(100%)発電の実施を計画している．

[*3] 余剰電力を気体燃料に変換して貯蔵・利用する方法をPower to Gas(パワーツーガス)という．水素とともに二酸化炭素から得られたメタンも利用される．

の特性を炭素と比較しておく.

水　　素　　　284 kJ/mol(141.8 kJ/g)　　　気体(0.013 kJ/cm^3)
炭素(黒鉛)　　393.5 kJ/mol(32.8 kJ/g)　　　固体(約65 kJ/cm^3)

　単位重量当たりの燃焼熱は水素のほうが大きいが, 単位体積当たりで比較すると炭素のほうが桁違いに大きい. これは水素が気体であるからであり, 水素輸送には問題点が多い. 西欧や北米ではパイプラインによって, ロシアあるいはカナダから輸入することができるが, 日本の場合には, そういうわけにはいかない. 船舶で輸送するには, 圧縮水素あるいは液体水素の状態にする必要があるので, 特別な船舶を要するためコストが高くなる.

9.4　水 素 の 製 造

　水素は, 製造法によって, 脱炭素化の立場から次の3種類に分類されている.

・グリーン水素:製造時にCO_2を出さない(再生可能エネルギーによる電解製造).
・ブルー水素:製造時に生成したCO_2を回収・貯留・有効利用する(CCS/CCUS技術:7.4節)ことにより, CO_2排出を抑えてつくられた水素.
・グレー水素:製造時にCO_2を排出(化石燃料を使ってつくられた水素).

以下にその製造法を説明する.

　・化石燃料の改質:　工業的に広く行われているのは, 化石燃料の改質であり, 石油精製工場などに導入されている. 比較的安価に大規模な生産が可能だが, CO_2を排出するという欠点がある. メタン(天然ガス)から水素を製造する反応は次のように書ける.

$$CH_4 + H_2O \longrightarrow CO + 3H_2 \quad (水蒸気改質反応)$$
$$合成ガス$$
$$CO + H_2O \longrightarrow H_2 + CO_2 \quad (シフト反応)$$

　まず, 水蒸気改質反応では, メタンと水蒸気を700〜850℃, 3〜25気圧で反応させ, 一酸化炭素COと水素(合成ガス)を発生させる(合成ガスの利用については, コラム参照). 次に, 生成したCOと水蒸気を反応させて, 水素と二酸化炭素に変換する. このシフト反応によって, COを低減し, 目的物の水素の収率を上げることができる. 世界の水素生産の現状は, 天然ガス(メタン)の水蒸気改質が全水素製造の50%程度,

そしてナフサ(石油)の水蒸気改質が約30%を占めるといわれている.

バイオマスを蒸し焼きにしてCOを発生させ，シフト反応で水素を製造することも検討されている.

・水の電気分解： 火力発電からの電力を用いればグレー水素かブルー水素になるが，再エネによればグリーン水素になる．アルカリ水電解法と陽イオン交換膜を電極に用いる固体高分子水電解法がすでに実用化されている.

・副生物： 他の目的生産物の製造過程の副生物として得られる水素は，生産コストが安くつく．カセイソーダ(NaOH)，石油化学，製鉄，石油精製などの製造プラントから副生水素が得られる.

食塩電解工場では，カセイソーダと塩素がつくられているが，副次的に水素も生産される．石油化学工場では，ナフサ分解などでエチレンやプロピレンを生産する設備の深冷分離工程で水素が発生する．水素は回収され，工場内で燃料として使用されている.

製鉄所の製鉄プロセスで発生するガスの中には水素が含まれている．とくに石炭乾留ガスであるコークス炉ガスには約55%の水素が含まれており，純度の高い水素を取り出すこともできるが，現状ではほとんどが製鉄所内で燃料として使用されている.

なお，製油所の石油精製プロセスでは，原油に含まれる硫黄分や窒素分を取り除くために多量の水素が消費されている．そのためにナフサやブタンなどの水蒸気改質で得られた水素も使われている.

・水の熱分解： 水は2000℃以上の高温で水素と酸素に分解するが，この高温を工業的に実施することは困難であり，ほかの化学反応と組み合わせて低温(500℃程度)で熱分解する方法について研究開発が進められている.

・光触媒による水分解： 太陽光で水を分解するための光触媒として酸化チタンなどの研究が行われている.

・発酵による水素製造： バイオマスのメタン発酵と水素発酵を組み合わせて水素を製造することができる.

・光合成による水素製造： 緑藻類やシアノバクテリアの代謝を利用してCO_2と無機塩から光を用いて水素を製造することが可能であり，研究開発が進められている.

コラム　**合成ガスとフィッシャー・トロプシュ合成反応**

（1）合成ガス

合成ガス(synthesis gas, syngas：水性ガスともよばれる)は，一酸化炭素

(CO)と水素(H_2)を主成分とする混合ガス燃料の総称であり，種々の炭化水素原料から製造される（原料としては，天然ガス，LPG，ナフサ，重質油，オイルシェール，石炭，バイオマス，そして産業廃棄物も使われる）．製造法は原料に応じてさまざまであるが，代表的な方法は水蒸気改質法であり，単純化して反応式を書けば次のようになる．

$$C + H_2O \longrightarrow CO + H_2$$

合成ガスは，アンモニア合成，メタノール合成のほか，合成ガソリンや基本的な有機工業原料の製造に使われる．その代表的な合成反応がフィッシャー・トロプシュ合成反応である．その全体像の概略図を下に示す．

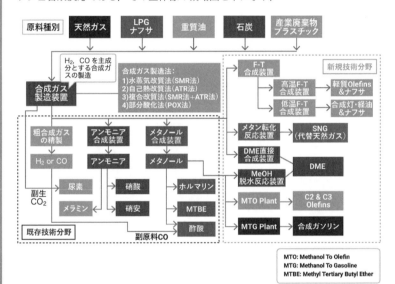

図　合成ガス利用技術
［出典元：千代田化工株式会社ホームページ］

（2）フィッシャー・トロプシュ合成反応

　フィッシャー・トロプシュ（Fischer-Tropsch）合成反応（F－T合成）は，図にもあるように，合成ガスから触媒反応を用いて液体炭化水素やメタンを合成する一連の反応である．触媒としては鉄やコバルトの錯体が用いられ，石油の代替品となる合成油や合成燃料が主要な目的物となる．この合成反応は，一般反応式として次のように書ける．

$$(2n+1)H_2 + nCO \longrightarrow C_nH_{2n+2} + nH_2O$$

9.5 水素の輸送と水素キャリア

　最初に述べたように，水素の輸送は，圧縮水素あるいは液化水素のいずれのかたちを取るにしても問題が多い．第三の方法として，水素キャリアを使う方法がある．化学変換を使って，安定な化合物のかたちで輸送し，逆反応で水素を取り出す手法である．

　その一つはメチルシクロヘキサン(MCH)を用いる方法であり，MCH のかたちで輸送し，H_2 を取り出す．ここで生成したトルエンは水素生産地へ送り返され，逆反応でMCH が製造される．MCH とトルエンとはガソリンと同じように取り扱うことができる．

メチルシクロヘキサン (MCH) → トルエン + 3 H_2　　$\Delta H = 205$ kJ/mol

　アンモニア NH_3 も水素キャリアとして用いることができる．水素含量はメチルシクロヘキサンよりも多いが，NH_3 を H_2 に再変換して使うのはその過程で使われるエネルギーが大きく経済的ではない．上述のように，混焼(発電)によりアンモニアをそのままエネルギー源として使っている．メタネーション(7.5節)を通して，メタンも水素キャリアになる．

　わが国に水素を供給しているおもな国はオーストラリアとブルネイである．オーストラリアは豊富な褐炭から水素を製造しており，液化水素のかたちで海上輸送している．一方，ブルネイでは天然ガスから水素を製造，水素化プラントで製造された MCH を水素キャリアとして輸入，日本で水素を取り出し，トルエンを送り返している．

9.6 燃料電池による水素利用

　電池というと乾電池やリチウム電池を思い出すが，燃料電池はこれらの電池とは違って水素を燃料として送り込むことによって電気を取り出すことができる．燃料電池は，大気中の酸素を取り込んで水素を燃料として発電する発電装置である．

　日本では，家庭用の燃料電池としてエネファームが 2009 年から実用化されており，

給湯の省エネに寄与するだけでなく，停電時の電力と熱供給にも役立つ．2023年現在50万台普及しており，2030年には300万台の普及をめざしている．業務・産業用の燃料電池は非常用電源としても役立つ．

排気ガスを出さない電気自動車(EV：充電池を搭載，充電時間がかかる)が注目されているが，水素を燃料とする燃料電池車(FCV)も実用化されてきた．日本ではすぐれたハイブリッド車があったためか，この分野では欧米や中国に遅れをとっている．この普及には，水素ステーションの整備も必要であるが，まだ計画段階のところが多い．燃料電池搭載貨物自動車やバスも充電時間の短縮に工夫が凝らされて実用化されようとしている[*4]．

9.7　その他の水素利用

発電産業においては，従来の化石燃料による火力発電にアンモニアや水素を加えて混焼する方法でCO_2排気ガスを低減することが始められており，水素燃料ガスタービンを使う完全な水素発電に向けた実証実験も進められている．この場合にも天然ガスなどとの混焼で発電することから始められ，2022年3月時点では30％の水素を加えた混焼発電が川崎重工により神戸のポートアイランドで実験され，2025年には市場投入する予定である．水素の燃焼は混焼，専焼ともに天然ガスより燃焼速度が速いので，その特性に対応した燃焼機器の開発と，タービンの長期安定運転の検証を行わなければならない．資源エネルギー庁によれば，水素発電は日本の先進技術であり，すでに英国や米国の企業による建設を受注しており，水素発電タービン市場は2050年までに累積最大23兆円を想定している．

二酸化炭素と水素からつくられる合成メタンや合成燃料についてはコラム記事としてもまとめているが，7章(7.3節と7.4節)でも$CO_2 + H_2$の反応として詳しく述べた．

[*4]　JR東日本は燃料電池と蓄電池を搭載した水素電車の走行試験を2024年2月に実施し，2030年度の実用化をめざしている．

10 大気の役割

　地球表面と宇宙空間は無段階につながっているので，その境を特定することはできない．地球を取り囲む大気は上空 500 km くらいまで存在し，その領域を大気圏という．しかし，航空産業にかかわる人たちは(大気が非常に薄くなる)100 km から上空を宇宙空間と考え，米国の空軍では 80 km から上空を宇宙と考えるそうだ．

10.1 大　気　圏

　大気圏は図 10.1 に示すように，対流圏，成層圏，中間圏，熱圏の 4 領域に分けて考えられることが多い．その外側を外気圏とよぶこともある．図中には高度による温度の変化を示しており，縦軸として左側に気圧の変化を示している(1 気圧は 1013 hPa(ヘクトパスカル)に相当する)．気圧は高度とともに指数関数的に低下す

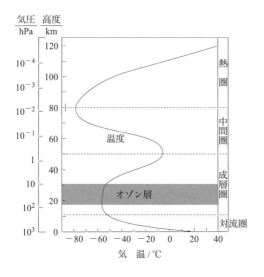

図 10.1　大気圏
曲線はおよその温度を示す．

86　　10　大 気 の 役 割

る.

　対流圏(高度：平均約 12 km まで)は私たちの生活に大きくかかわっている. その範囲は，赤道付近では高度約 17 km までであり，極付近では約 9 km，中緯度では約 11 km までであり，空気[*1]の対流が起こる. 地球の自転のせいで西から東に向かって吹く風は偏西風とよばれる(図 10.2 参照). 気温は高度とともに大きく低下する(約 0.65 ℃/100 m). また，大量の水蒸気が含まれ，上空で気温が下がると水蒸気は飽和して凝結し雲が生じる. このとき，潜熱が放出されるので温度の低下は緩和される.

　その上空約 50 km までを成層圏という. この領域では高度とともに気温が上昇する. 高度が 20 km 以上になると，大気成分が薄くなるため，太陽の強い紫外線によって酸素分子(O_2)が分解され，原子状の O ができる. この発熱反応の熱により気温が上昇する. できた酸素原子 O が酸素分子 O_2 と反応してオゾン(O_3)を生成する. 一方では，逆反応で O_2 が再生されるのでオゾン濃度が一定に保たれ，高度 20〜30 km あたりにオゾン層を形成している.

　オゾンは 320 nm よりも短波長の紫外線を吸収し，地上の生態系を保護する役割を果たしている. この波長領域の紫外線は皮膚の炎症や皮膚がんの原因になる. また，オゾンは紫外線を吸収するため大気を温める効果もあり，地球の気候に大きくかかわっている.

　さらに上空約 50〜80 km は中間圏とよばれ，気温は高度とともに低下する. ついで高度 80〜800 km は熱圏とよばれ，気温は上昇する. 中間圏から熱圏にあたる 60〜500 km では，大気中の原子や分子が強い紫外線を受けて光電離するので，イオンが大量に生じイオン層を形成している.

　大気圏の外側上空約 6 万 km あたりには太陽側に広がった磁気圏が存在する. 磁気圏は宇宙空間から降り注ぐ高エネルギー宇宙線や，太陽から噴き出す高エネルギー荷電粒子が直接地球に降り注ぐのを防いでいる. これらの荷電粒子は生命に深刻な影響を与えるといわれている. 磁気圏を通過した一部の粒子は大気に衝突し，オーロラを出現させる.

[*1]　2.2 節で触れたように，生活圏における大気は空気とよばれる.

10.2 オゾン層の形成と破壊

上に述べたように，酸素分子 O_2 は成層圏の強い紫外線を受けて，次のような光化学反応を起こす．酸素分子 O_2 の結合切断でできた酸素原子 O が O_2 と反応してオゾン O_3 になり，オゾン層を形成する．

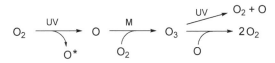

M はエネルギーを受け渡しする第三体(N_2 や Ar など)

オゾンを分解する反応には，オゾン生成の逆反応もあるが，H, OH, NO, Cl, ClO などのラジカルによる反応もある．オゾン濃度は自然界に存在するこれらのラジカルの影響を受ける．それらの反応を下にまとめている．下に述べるように，人為的な要因で生成するラジカルもオゾン破壊の原因になる．

オゾンとラジカルの反応

HO_X サイクル:　　H + O_3 → OH → H + O_2
　　　　　　　　　　　　　 O_2　　 O

NO_X サイクル:　　NO + O_3 → NO_2 → NO + O_2
　　　　　　　　　　　　　　 O_2　　　 O

ClO_X サイクル:　　Cl + O_3 → ClO → Cl + O_2
　　　　　　　　　　　　　 O_2　　 O

オゾン層破壊は，オゾンホールの生成というかたちで広がっていく．NASA の衛星データによると，オゾンホール面積は 1980 年から 1990 年代まで拡大していたが，その後横ばいになり，2000 年以降は統計的に有意な減小傾向が認められる(下記)．1970 年代から観測されるようになってきたオゾン層破壊の人為的な要因は，冷媒や発泡剤，エアロゾル噴霧剤として使われてきたフロン(クロロフルオロカーボン：CFC)，すなわち，$CFCl_3$, CF_2Cl_2, CF_3Cl, CF_3CF_2Cl などから生成する Cl

88   10 大 気 の 役 割

ラジカルであることが指摘された[*2].

これらの化合物は，低沸点，安定で無色無臭，無毒性，不燃性，非腐食性であるという特性のために，広く使われてきた．しかし，その安定性のために大気中に放出されると，分解されないで成層圏まで上昇していく．フロンは成層圏まで上昇すると，強い紫外光を受けて C−Cl 結合が開裂し，塩素原子(Cl ラジカル)が発生する．その Cl ラジカルは，上で述べたのと同じように，オゾンとラジカル連鎖反応を起こしてオゾンを分解するのである．

フロンの使用が禁止になり，代わりに登場したのが CF_3CHCl_2 のような HCFC(hydrochlorofluorocarbon)や CF_3CH_2F のような HFC(hydrofluorocarbon)などである．これらの代替フロンは水素を含むために対流圏でも分解されやすい．しかし，いまではこの代替フロンの使用も規制されている．

1987 年に採択された「オゾン層破壊物質に関するモントリオール議定書」は，その後何回か改正され，段階的にオゾン層破壊物質の規制が強化されてきた．最新のキガリ改正[*3]が 2016 年に行われ，日本を含む 65 カ国が批准し，2019 年に発効した．規制対象には，フロンなどだけでなく次のようなハロゲン化合物も含まれる．

・クロロフルオロカーボン(CFC)
・ハロン
・四塩化炭素
・1,1,1-トリクロロエタン
・ヒドロクロロフルオロカーボン(HCFC)
・ヒドロブロモフルオロカーボン
・ブロモメタン
・ブロモクロロメタン
・ヒドロフルオロカーボン(HFC)

キガリ改正の下で，各国は 30 年間に代替フロンとよばれる HFC の使用を 80 ％以上削減することを約束した．代替フロンはオゾン層には害を及ぼさないが，温室効果ガスであることが問題として残る．

かつて放出されたオゾン層破壊物質は，長期にわたって成層圏にとどまりオゾン層

[*2] この可能性は，1974 年に米国の大気化学者 F. S. Rowland と M. J. Molina(1995 年ドイツの P. J. Crutzen とともにノーベル化学賞受賞)によって初めて指摘され，その影響を受けて 1987 年のモントリオール議定書の採択に至り，フロンの使用が禁止になった．

[*3] ルワンダの首都キガリで 2016 年 10 月に開催された COP28 で決定された改正．

を破壊し続けるため，規制後もオゾン層の回復には時間がかかるのではないかと懸念されていた．しかし，幸いにも2010年6月にはオゾンホールに縮小の兆しがみられるとの報道がなされた．さらに，2023年1月のIPCCの報告によれば，モントリオール議定書によって指定されたオゾン層破壊物質は1989年と比べて99％減少したとされ，オゾン層は世界のほとんどの地域で2040年，北極では2045年，南極でも2066年には，1980年のレベルまで回復すると予想している．

10.3 大気の循環

太陽エネルギーによって，水だけでなく，大気(空気)の循環も起こっている(図10.2)．太陽照射は高緯度よりも赤道で強く，地表面に届く太陽エネルギーは赤道のほうが大きく，気温も高くなる．この温度差を少なくするために，赤道から高緯度地域に向けて熱を運ぶ大気の流れが生じる．これが大気大循環の原因である．大気大循環は，熱や水蒸気の移動を伴うので，地球規模の気温や降水量の分布に大きな影響を及ぼし，熱帯性低気圧や前線などが定常的に発生する要因にもなっている．

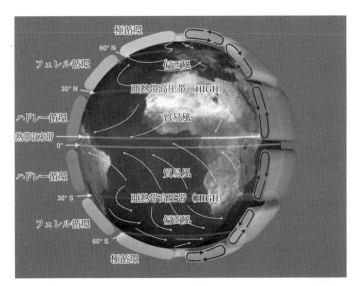

図 10.2　大気大循環
　[出典：NASA ジェット推進研究所 (https://sealevel.jpl.nasa.gov/ocean-observation/understanding-climate/the-earth/)]

90   10 大 気 の 役 割

実際には地球の自転の影響(コリオリ力)を受けて，大気の流れは緯度方向に三つの流れに分かれる．低緯度(約30°以下)でみられる"ハドレー循環"，高緯度(約60°以上)の"極循環"，そして，その中間の"フェレル循環"である．これらの循環によって，地表では，低緯度地域に穏やかな"貿易風"とよばれる東風が吹き，極地では激しい"極偏東風"が吹く．そして，コリオリ力が強くはたらく中緯度では循環が明確でなく，大きく蛇行した"偏西風"とよばれる強い西風が吹く．

偏西風領域では，ハドレー循環とフェレル循環が接する地帯の上空に亜熱帯ジェット気流が流れ，フェレル循環と極循環の接する上空には寒帯前線ジェット気流が流れていて，ともに冬季に強くなる．亜熱帯ジェット気流は安定しているが，寒帯前線ジェット気流は南北に大きく蛇行して時間的・空間的変動が大きいので，冬季には日本付近では二つのジェット気流が合流して風速 $100\,\mathrm{m\,s^{-1}}$ を超える強風になることもある．一方，ジェット気流は対流圏と成層圏の界面付近にあたる高度 10〜14 km を流れていて，汚染物質の輸送などにもかかわっている．

10.4 酸 性 雨

酸性雨のおもな原因は大気汚染物質の SO_X や NO_X である．降水には大気中の CO_2 が溶け込むため pH は7より低くなっているが，十分溶け込んだとしても pH 5.6 以下にはならない．しかし，石炭や石油の燃焼による排気ガスには硫黄酸化物 SO_X や窒素酸化物 NO_X が含まれている．これらの酸化物は大気中で光化学反応などによりさらに酸化されて，SO_3 や NO_2，NO_3 になり，水に溶けて硫酸や硝酸になる．これらはいずれも強酸であり，降雨に溶け込むと pH は大きく下がって酸性雨を生じる．

$$SO_3 + H_2O \longrightarrow H_2SO_4$$
硫酸

$$NO_2, NO_3 + H_2O \longrightarrow 2\,HNO_3$$
(NO_X) 硫酸

気象庁は，岩手県大船渡市綾里(りょうり)の大気環境観測所で降水の pH を観測してきた．その測定データを図 10.3 に示すが，1977 年から 2011 年(東北大地震の前まで)の 35 年間 pH 4.4〜5.0 の範囲にあり，測定当初の 1976 年の pH 5.25 に比べても，降雨の明らかな酸性化がみられる．図 10.3 には，人為的な影響の少ない小笠原の南鳥

島での観測値も示してある．測定初年度の1996年から2002年まではpH 5.5〜5.8を保っていたが，2003年以降はpH 5.2〜5.4と，ここでも酸性化に傾いている（2003年と2005年には火山噴火の影響があった）．降雨の酸性化の原因物質は放出されてから酸性雨となって降ってくるまでに，国境を越えて数百から数千kmも運ばれることもあり，南鳥島でも大陸の影響が現れている．その動向を監視するために世界各国が協力して観測・分析を行っている．

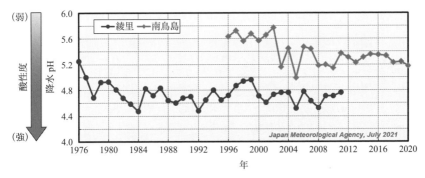

図 10.3 綾里および南鳥島における降水のpHの経年変化
[出典：気象庁ホームページ（https://www.data.jma.go.jp/gmd/env/acid/change_acid.html）]

酸性雨は河川や湖沼，土壌を酸性化して生態系に悪影響を与え，農業にも被害を及ぼす．また，樹木などの植物を枯らし，砂漠化を進めることになる．近代建築の鉄筋コンクリートは塩基性なので，酸で溶かされて脆弱化する．ひびにしみ込むと内部の鉄筋をさびさせる．鉄はさびると膨張するのでひびが広がり，さらに被害を拡大させる．大理石と石灰は同じ化学成分 $CaCO_3$ からできており，酸に犯されやすく，硫酸化するとセッコウになる（セッコウは硫酸カルシウムを主成分とする鉱物である）．

$$CaCO_3 + H_2SO_4 \longrightarrow CaSO_4 + CO_2 + H_2O$$

また，銅像などの金属をさびさせるので，文化財や建物に被害を与える．世界の多くの銅像がレプリカに置き換えられ，本物は収蔵庫にしまい込まれている．

コラム　酸と塩基

水溶液中における酸（acid）はプロトン H^+ を出す化学種であり，プロトンを受け取る化学種が塩基（base）である（ブレンステッド酸塩基とよばれる）．たとえば，塩化水素 HCl とアンモニア NH_3 を水に溶かすと，H^+ と NH_3 が結合して NH_4^+（アンモニウムイオン）と Cl^- を生成する．このような酸塩基反応は可逆であり，逆反応では NH_4^+ から Cl^- にプロトンが渡される．すなわち，逆反

応も酸塩基反応であり，NH_4^+ が酸，Cl^- が塩基としてはたらいている．そこで，NH_4^+ は "NH_3 の共役酸(きょうやくさん：conjugate acid)" とよばれ，Cl^- は "HCl の共役塩基(conjugate base)" とよばれる．

$$HCl\ +\ NH_3\ \rightleftharpoons\ Cl^-\ +\ NH_4^+$$
$$\text{酸}\qquad\text{塩基}\qquad\quad\text{共役塩基}\ \ \text{共役酸}$$

　水分子 H_2O は，弱いながらも，酸としても塩基としても作用できるので，一般式で酸 HA は水溶液中で H_2O と反応して，次のような酸塩基反応の平衡を達成する．

$$\text{酸解離反応：}\ HA\ +\ H_2O\ \overset{K_a}{\rightleftharpoons}\ A^-\ +\ H_3O^+$$
$$\qquad\qquad\text{酸}\qquad\qquad\qquad\text{共役塩基}$$

この反応は酸解離反応(acid dissociation)とよばれ，水分子が塩基になっている．したがって，水中でプロトンは H_3O^+(オキソニウムイオン：かつてヒドロニウムイオンともよばれた)のかたちで存在する．酸からプロトンが外れて生成した A^- は "HA の共役塩基" である．

　酸解離平衡の平衡定数 K_a は酸解離定数とよばれ，酸の強さを表す．ここで [X] は X のモル濃度を表すが，溶媒の H_2O は一定(活量 1.0)なので K_a の式には入らない(厳密には濃度でなく活量を用いる．活量は，希薄溶液では濃度で近似でき，溶媒の活量は熱力学で 1.0 とされる)．

$$\text{酸解離定数：}\quad K_a = \frac{[A^-]\,[H_3O^+]}{[HA]}$$

　水の酸性度は pH(水素イオン指数)で表す．$pH = -\log[H_3O^+]$ と定義され，純粋な水は pH = 7 であり，中性であるという．pH < 7 の水溶液は酸性で，pH > 7 の水溶液は塩基性(アルカリ性)である．

　代表的な酸のおよその解離定数 K_a は，HCl 10^7，H_2SO_4 10^3，HNO_3 $10^{1.6}$，CH_3CO_2H 10^{-5}，H_2CO_3 $10^{-6.4}$，NH_4^+ 10^{-9} である．

　二酸化炭素 CO_2 は，水には非常に溶けにくいが，溶けると炭酸 H_2CO_3 になり，酸として次のような解離反応を起こす．そこで，気体の CO_2 は酸性であるという．海洋酸性化は過剰な CO_2 の溶解による(11.4 節)．

$$CO_2\ +\ H_2O$$
$$\downarrow$$
$$H_2CO_3\ +\ H_2O\ \rightleftharpoons\ H_3O^+\ +\ HCO_3^-$$

10.5 エアロゾルの効果

　エアロゾルは大気中に浮遊する固体や液体の微小粒子の総称であり浮遊粒子状物質ともいわれる．その大きさ（粒径）は数 nm から 1 mm（$1 \times 10^{-9} \sim 10^{-3}$ m）にわたり，その起源も化学組成もさまざまである．おもなものは粒径で大きく二分され，粒径 2.5 μm 以下のものは PM 2.5，それより大きいものは PM 10 といわれる．PM 2.5 は石油や石炭のすす，そして自動車や工場の排気ガスの NO_X, SO_X あるいは VOC（揮発性有機化合物）などのガス状大気汚染物質が化学反応により粒子化したものであり，多くは人間活動により生じたものである．一方，PM 10 と分類される粒径 10 μm 前後の粒子には土壌粒子，海塩粒子，火山噴出物などがあり，自然起源のものが多い．

　エアロゾルは人の健康にも影響する．PM 2.5 に分類される微小粒子は肺の奥まで吸い込まれやすく，肺がん，アレルギー性ぜんそく，鼻炎などを起こす可能性がある．PM 10 に分類される粒径の大きい粒子は，肺にまで取り込まれないので健康に対する影響は少ないとされているが，有害な大気汚染物質（重金属や酸性物質など）によって覆われているとその影響を受ける．

　エアロゾルが地球温暖化に及ぼす影響は 2 種類ある．一つは，エアロゾルが太陽放射と地球放射を散乱したり吸収したりして地球大気の放射収支に影響する直接的な効果であり，もう一つは，エアロゾルが雲の凝結核（水雲）あるいは氷晶核（氷雲）になることによって生じる間接的効果である．このような効果によって，エアロゾルは温暖化効果を抑えている．

　その効果がどの程度のものであるかは，"放射強制力（radiative forcing）"というパラメーターを使って表すことができる．すなわち，ある要因により地球気候系に変化が起こったとき，その要因が引き起こす（大気圏外側表面における）放射エネルギーの収支の変化量（W m^{-2}）を放射強制力という．IPCC は産業革命前の 1750 年と比べて 2019 年の気温変化に温室効果ガスやエアロゾルの放射強制力がどの程度寄与したかを推定して図にまとめた．その一つが図 10.4 である．左側に示す強制力がそれぞれ気温にどの程度寄与したかを，2019 年と 1750 年の気温差として表している．

　この図から，これまでみてきた温室効果ガスの効果の大きさがわかるが，土地による反射能（アルベド：albedo）とともにエアロゾルが大きな負の強制力をもつ．すなわ

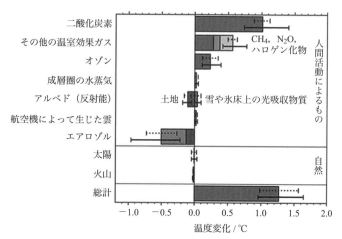

図 10.4 気温変化に対する放射強制力の寄与
横軸は 1750 年と比較した 2019 年の気温変化を示している．
誤差範囲： ⊢……⊣ 放射強制力に基づく

⊢——⊣ 強制力と気候の両方に基づく
［出典：IPCC, AR6, WG1, Chap. 7, Fig 7.7 (2022)（https://www.ipcc.ch/report/ar6/wg1/figures/chapter-7/figure-7-6)］

ち冷却力をもっているのが特徴的である．

11 海洋のすがた

　海洋は地球表面積の 71.1% を占め，地球上にある水の約 97.5% が海水であり，地球上の生物生息可能空間の 99% を提供している．海洋は二酸化炭素の約 $1/3$ と地球システム内の余剰熱の大部分(90% 以上)を吸収している．これらは海面を通して大気とやり取りされる．その結果，気温や CO_2 濃度の急激な変化が緩和され，気候が調整されている．

11.1 海洋のはたらき

　海水は太陽熱によって蒸発し，雲となり(地上まで風に流されて)雨として地上にも降り注ぐ．雨水(淡水)は森林や緑地を育て，地上の生態系を保持し，農耕を可能にして食糧も供給している．雨水の多くは河川や地下を通って，海に戻ってくる．この間に水は熱エネルギーを全地球に分配している．このように水は循環している(5.4 節)．

　生命は海で誕生し，海洋は生物多様性に富んでいる．魚介類や海藻は人の食糧としても欠かせない．その種類は，海域と水深により非常に幅広い．干潟や浅瀬には，その地形や潮汐作用により多様な自然環境が形成され，プランクトン，魚類，貝類，水性植物などさまざまな生物が棲息している．しかし，地球温暖化の結果，海洋熱波の発生も海洋表層のいたるところで発生し，貧酸素化と酸性化の影響も相まって海洋生態系が世界的に脅かされている．

　海洋には地球規模の海水の循環(深層大循環：5.4 節，図 5.5)があり，気候変動にもかかわっている．地球温暖化による海水温の上昇，降水量の増加，氷床の融解などによって海水の塩分濃度が低くなり，表層の海水密度が軽くなり，沈み込む量

　海洋と雪氷圏の環境問題については，IPCC が 2019 年 9 月に「海洋・雪氷圏特別報告書」を提案し，同年 12 月のマドリードにおける COP25 で採択された．本章はその内容を参考にしている．

が減少すると，一時的ではあれ深層循環が弱まるのではないかと懸念されている．北大西洋での深層水形成が弱まると，南からの暖かい表層水の供給が減り，北大西洋とその周辺(ヨーロッパ)の気温上昇が比較的低くなる可能性がある．

11.2 海水温の上昇

海水は温室効果ガスや熱を吸収することによって気候を和らげ，地球温暖化を緩和しているが，海面水温は気温と同程度に上昇している．

海水温変動も，地球史的には 6.4 節の図 6.4 に示した 10 万年スケールの気温変動とよく似た大きなうねりをもつが，1900 年以降の急激な温度上昇は工業化に伴う人為的な影響(温室効果ガスの排出)によるものであると考えられている．日本近海においては 2022 年までのおよそ 100 年間にわたる平均上昇率は 1.24 °C/100 年と観測されており，世界全体で平均した上昇率(0.60 °C/100 年)よりもかなり大きい(図 11.1)．この

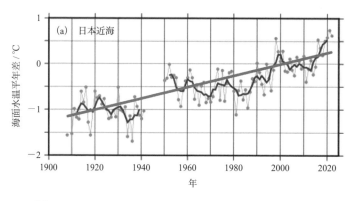

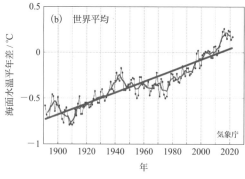

図 11.1 日本近海(a)と世界平均(b)の海面水温
1991～2020 年の 30 年平均からの偏差を示す．折れ線は 5 年移動平均，直線は長期変化傾向を示す．
[出典：気象庁ホームページ((a) https://www.data.jma.go.jp/kaiyou/data/shindan/a_1/japan_warm/japan_warm.html；(b) https://www.data.jma.go.jp/kaiyou/data/shindan/a_1/glb_warm/glb_warm.html)を修正]

ような近年の海面水温も上昇傾向(直線)だけでなく，よく見ると10年ほどの単位で(世界規模では数十年単位)の変動がみられる．日本近海では2000年頃に極大がみられ，2010年頃に極小になったあと上昇傾向を示している(図11.1a)．世界平均では1940年頃に同様の傾向がみられる(図11.1b)．

11.3 海水面の上昇

海面水位は，この数千年間大きな変化はなかったとされる(図11.2)が，世界平均海面は1900年以降，上昇傾向がみられ，沿岸の水位計や人工衛星による観測結果から，1901年から2020年の120年間に約20 cm海面が上昇したとされている．

海面上昇の速度は図11.3にみられるように加速化している．この加速度的な海面上昇は，少なくとも1971年以降は，人為的な影響によるCO_2排出などが主要因である可能性がきわめて高い(7.1節)．

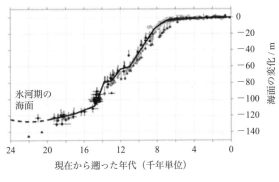

図11.2 氷河期以降の海面上昇
[出典：K. Fleming, et al., Earth and Planetary Sci. Lett., 163, 327 (1998)]

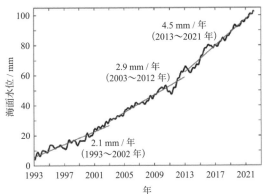

図11.3 加速する海面上昇
(人工衛星による観測値)
[出典：WMO(世界気象機関) State of Global Climate 2022 report (data from AVISO altimetry)]

1971〜2018年の海面上昇の原因の半分は温暖化による海水の熱膨張だったが，2006〜2018年には北極圏(グリーンランド)や南極の氷床や氷河の融解が主要因になっている．過去10年間に氷床全体の0.01％(約300 km^3)が失われ，これは地球全体の海水準を5 mm上昇させる量に相当する(北極の海氷は水中に浮いているので，融解しても海面水位には関係しない)．そして米国航空宇宙局(NASA)の研究を引用し，南極の氷床の融解により今後も海面は上昇するリスクが高いとしている．また，"産業革命前からの気温上昇1.5 °C"を達成しても，最悪の場合，今世紀末までに海面は1 m以上上昇すると予測している．そうなると，多くの陸地が消失する恐れがあり，低地の島国であるトンガやツバル(太平洋)，セイシェルやモルディブ(インド洋)のような小規模島嶼(とうしょ)国では国土存続の危機にある．モルディブの国土の80％は海抜1 m未満であり，サンゴ環礁の内側に巨大ないかだのような浮上都市の建設を計画している(図11.4)．

日本でも砂浜の90％以上が失われるであろうといわれる．また，氷床などの氷は太陽光を反射して温暖化を抑制していたが，これが融けると逆に太陽熱を吸収するようになり，温暖化を加速度的に促進してしまうことになる．

コラム　海面上昇による沿岸都市のすがた

　別の予測では2050年までに20〜75 cmの海面上昇があるとされ，ニューヨークではマンハッタン沿岸地域の埋め立てを行い，高さ6 m以上の洪水壁機能をもたせるという構想を進めている．東京のような沿岸大都会ではその1/3が水没する恐れがあるという．また，オランダでは海上浮揚できる住宅が建てられている(New York Post紙，2023年8月)．

　図に示したのは縄文時代の関東地方の地図である．これを見ると，将来の東京の姿が想像できるかもしれない．

図　縄文時代(約6千年前)の関東地方
[出典：霞ヶ浦河川事務所のホームページを参考に]

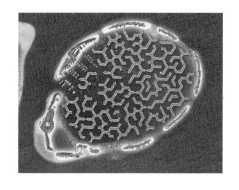

図 11.4 モルディブの浮上都市の完成予想図
[出典：Maldives Floating City, 2021 (https://maldivesfloatingcity.com)]

11.4 海洋酸性化

　海水はもともとアルカリ性であり，海表面におけるpHは現在pH約8.1である（産業革命以前はpH 8.21であったとされる）．この海水が長期間にわたって酸性化する（pHが下がる）現象を海洋酸性化という．これは，大気中のCO_2濃度が増大し，大量に海水に溶け込んで起こるものと考えられている．その影響によりサンゴやカキ・ホタテなどの貝類，エビ・カニなどの甲殻類といった，炭酸カルシウムで殻をつくる生物の成長・繁殖を妨げ，寿命にも影響を及ぼすと危惧されている．

　海洋表面の海水の平均pHは，図11.5に示すように，日本近海では10年当たりpH約0.02の割合で低下しており，この図は東経137°（名古屋辺り）から南の北緯30°から赤道近くまでの海水pHの経年変化を示している．北半球では緯度が高いほどpH低下の割合が大きい傾向がある．冷たい水のほうが温かい水よりCO_2を溶かしやすいため，高い緯度では水温の低下によりCO_2を吸収しやすくなる結果であろう．ただし，pHの低下速度には海水循環の影響もあり得るので，問題は複雑である．IPCCは，CO_2の排出を抑制しないとpHは21世紀末までに最大0.3低下すると予想しており，これが現実になれば，海の生態系に壊滅的な影響を与える恐れがある．

　IPCCの2021年度の報告（AR6）では，表面海水におけるpHの低下と水温の上昇により，海洋が大気からCO_2を吸収する能力が下がり，海水のCO_2濃度の季節変動幅が大きくなることが指摘されている．また，海洋のCO_2吸収能力が低下すると，大気中に残るCO_2の割合が増えるために地球温暖化が加速される可能性もある．さらに，海洋酸性化の進行によってプランクトンやサンゴなどの海洋生物の成長に影響が及ぶため，水産業や観光業などへの影響も懸念される．

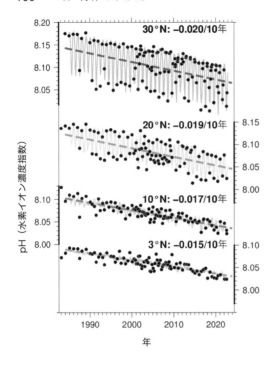

図 11.5 海水の pH の経年変化
東経 137°, 北緯 30° から 3° まで.
[出典：気象庁気候変動監視レポート 2020, p. 60, 気象庁ホームページ (https://www.data.jma.go.jp/cpdinfo/monitor/2020/pdf/ccmr2020_all.pdf)]

酸性雨については 10.4 節で述べたように，CO_2 よりも大気汚染物質の硫黄酸化物や窒素酸化物がおもな原因になっている．

11.5 海 洋 汚 染

海洋酸性化も海洋汚染の一つであるといえるが，一般的な定義では，大気汚染や土壌汚染の場合と同じように，海洋汚染は人間活動によって排出された廃棄物が海洋の浄化能力を超えて残留する状況をいう．生活排水や工場排水が適切に処理されないで河川に流れ込み，海まで到達するケースがある．工場排水には有害な化学物質が含まれていることもあり，海に直接流される例もある．河川には農地から農薬や過剰な肥料などが流れ込むこともある[*1]．ごみや産業廃棄物の不法投棄は海に近

[*1] 富栄養化したところに強い太陽光があたると植物性プランクトンが増殖し，"赤潮"が発生する．その結果，酸欠状態の海域が生じ魚介類に被害を与える(12.5 節参照)．

い河口域にみられることが多い.

　近年大きな問題になっているのは，プラスチックによる海洋汚染である．地上で出たペットボトルやポリ袋などのプラスチックは軽いので風や水に流されやすく，海に流出し漂流する．日本沿岸で回収された漂着ゴミは 2019 年には総量約 3.2 万トンと推計され，そのうち 60 % 以上がプラスチックごみである．世界の海に溜まっているプラスチックごみは合計 1 億 5000 万トンを超え，さらに毎年 800 万トン以上が新たに流入していると推定されている.

　海洋プラスチックごみは海洋生物に取り込まれると大きな被害を与える．これらのプラスチックごみは海岸や海上で波や紫外線などの影響によって，しだいに小さい破片になる．5 mm 以下になったものはマイクロプラスチックとよばれ，小さくなっても化学的にはほとんど変化することなく，長年の間自然界に残る．また，歯磨き粉などに含まれるスクラブ剤もマイクロプラスチックとして生活排水に含まれている．これらのマイクロプラスチックは海洋生物に取り込まれ，魚介類にも飲み込まれている．世界中に販売されている食塩の中に混入している 0.2〜0.5 mm のマイクロプラスチックもみつかっており，さらに食品にも混入していることがわかっている．これらの粒子を人が摂取した場合，どの程度健康に影響するかはまだわかっていない.

　このような事実が広く知られるようになり，2018 年 6 月にカナダで開催された G7（主要 7 カ国首脳会議）で海洋プラスチック憲章が採択され[2]，プラスチック製品の使用を控える動きが広まり，日本では 2020 年度からレジ袋の有料化が実施された．さらに，2021 年には「プラスチック資源循環促進法」が制定され，飲食店などでは使い捨てのスプーンや飲料水用のストローなどの有料化や代替品への切り替えが求められている．その結果，プラスチック製から紙製や木製のものに置き換える動きが広まっている.

　船舶の事故などによる油の流出も海洋汚染の原因の一つである．2021 年のデータによると，493 件の汚染報告のうち 332 件が油汚染であった．このうち船舶からの油排出は 195 件で，漁船や作業船の不注意による小規模なものが過半数を占めており，タンカーの座礁による事故のように，大規模な油流出はまれである.

　海洋汚染は，周辺の国々や海域へ影響が及ぶことから，国際的な取り組みがなされてきた．ロンドン条約（1975 年），マルポール 73/78 条約（1983 年），国連海洋法条約（1994 年），OPRC 国際条約（1995 年）などがある.

---

[2]　この G7 では，当時の米国のトランプ大統領と日本の安倍首相は，示し合わせたようにこの憲章に署名しなかった．その後，日本でも環境問題の深刻さから対策がとられるようになってきた.

コラム　**クジラのおなかからプラスチック**

　海洋のマイクロプラスチックは深刻な問題になっており，使い捨てのスプーンなどにも木製品が使われるようになってきた．日本では古くから木製の折り箱や割り箸が使われている．

　海洋プラスチックについては，児童書(『クジラのおなかからプラスチック』，保坂直紀 著，旬報社(2018))でも取り上げられているが，フィリピン海岸に打ち上げられたという"胃にプラスチック"のクジラの写真は衝撃的である．

[© Greenpease]

11.6　日本の海洋

　日本は海洋に囲まれた島国であり，領海と排他的経済水域(EEZ)を合わせると世界第6位の海洋面積(約447万 km^2)をもっている．日本の貿易量の99％以上が海上貿易を占め，海運輸送が不可欠になっている．日本の領海やEEZ，大陸棚には石油，天然ガス，メタンハイドレートや海底熱水鉱床などのエネルギー・鉱物資源の存在が確認されている．図11.6に沿岸から大陸棚まで海洋の状態を示した．

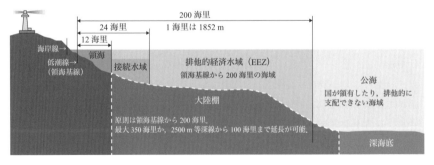

図 11.6　海洋の区分
　　[出典：内閣府ホームページ(https://www8.cao.go.jp/ocean/info/youth_plan/pdf/uminomirai_3.pdf)]

12 豊かな大地

　陸地(大地)は私たちの住むところであり，地球表面のおよそ 30 % を占めている．山地と平野があり，森林に恵まれ，河川や沼沢が自然を形成している．森林や緑地は生物多様性の場であり，光合成により二酸化炭素を吸収し酸素をほかの生物に与えるだけでなく，水を貯える役割も担っている．しかし，極地や永久凍土もあり，砂漠もある．また，11.3 節で述べたように，海面上昇により土地が失われつつある．海に面する大都会では市街地が水没しそうになっており，インド洋や南太平洋の島々でも国土喪失を危惧している．私たちの生活基盤である大地の問題について考えよう．

12.1　土地利用の変化

　陸地は農業生産の場でもあり，食糧の 80 % は農業によって生み出されている．世界の農地面積は衛星観測データに基づいて解析された結果によれば，21 世紀になってその面積は加速度的に増大し，食糧問題の解決に寄与している．2019 年の全農地面積は $1.244 \times 10^7 \, km^2$ であり，全陸地面積($1.47 \times 10^8 \, km^2$)の 10 % に満たないが，2003 年から 2019 年の間の拡大率は約 9 % であった．この拡大率はアフリカでとくに大きく，この 20 年間で拡大率が 2 倍近くになっている．新しくできた農地の半分(49 %)は自然の植生や樹木を犠牲にしており，森林減少と生物生息地の劣化を阻止するという SDGs 目標 15(陸の豊かさも守ろう)とは矛盾している(14.2 節参照)．また，地球温暖化による干ばつの影響で砂漠化が進み，森林は侵食されている．森林は林業の場でもあり，違法な伐採が進んでいることも森林減少の原因になっている．森林をいかにして守るかが大きな課題である．

12.2 淡水の利用

　5章(5.4節)で述べたように，地球上の水の97.5％は海水であり，私たちの生活に貴重な淡水はわずか2.5％にすぎない．そのうちの多く(1.76％)は氷河や氷床として南極や北極圏(グリーンランド)に存在し，0.76％は地下水になっているので，最も利用しやすい河川や湖沼の水はわずか0.01％にすぎない．この限られた淡水が生物を養い，工業用水となり，食糧生産にも使われている．人口増大とともに，淡水が大量に使われるようになり，河川からの流入水量が減って，全球的に淡水不足問題が深刻化している．人の水使用量の2/3が農業に使われることから，この地球規模の"水危機"は食糧生産への深刻な打撃となり，"食糧危機"となって人類の食基盤を危うくすることになる恐れがある．この水危機は日本の食糧輸入にも大きく関係している．

> **コラム　水の化学**
>
> 　水が化学式で H_2O と表されることは知っていることと思う．18 mL(1 モル)の水には，水分子がおよそ 6×10^{23} 個(アボガドロ数という)含まれる．水の酸素原子上には結合に使われていない電子対(非共有電子対という)が2組あるので，その電子対と他の水分子の水素原子が弱い相互作用(水素結合)をもっている．液体の水では，この水素結合が(室温では)切れたり，入れ替わったりしている．しかし，氷になると下に示すような結晶構造になる．この構造の酸素原子に注目すると，炭素によってつくられるダイヤモンドの結晶と同じ並びになっている(ダイヤモンドの結晶の模式図を右に示した)．このような構造をとることができるのは，水の酸素原子まわりの二つの O−H 結合と2組の非共有電子対が四面体方向に向いているためである．炭素の結合が四面体形になっているのと同じであり，類似の結晶構造をとることができるのである．水は，液体でも部分的に氷結晶と似た配列になっているだろうと考えられる．

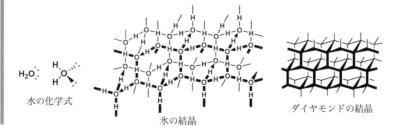

水の化学式　　　　　　氷の結晶　　　　　　ダイヤモンドの結晶

塩化ナトリウム NaCl のようなイオン性化合物が水に溶けると，カチオン Na$^+$ とアニオン Cl$^-$ に分かれ，それぞれ水分子によって次のように（三次元的に）囲まれている．このようにカチオンもアニオンも水によって溶媒和（水和）されて安定になるので，イオンは水に溶けやすいのである．

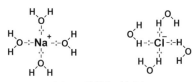

イオンの溶媒和（水和）

淡水は green water と blue water に分けて考えられる．"緑の水"は，蒸発と蒸散で大気に戻る水のことであり，その一部は森林や緑地を育て，耕作に用いられる．一方，"青の水"は，河川，湖沼，貯水池，地下水として地上にとどまる水であり，淡水の水資源になるが，私たち人間が利用できるのは，このうちたかだか 31％（陸地に降る総降水量の 11％）にすぎない．しかも，その過半は利用途が決まっており，その水量が地域的に偏在しているため，すでに 30 カ国近くが深刻な水逼迫（ひっぱく）の状況にあり，世界人口が 100 億人を突破するといわれる 2050 年頃には，65 カ国，約 65 億の人びとが恒常的に水不足に悩まされることになるだろうといわれている．

別の見方によると，農業，工業，エネルギーおよび環境に必要な水の量は年間 1 人当たり 1700 m^3 とされ，利用可能な量が 1700 m^3 を下回る場合は "水ストレス下にある" 状態，1000 m^3 を下回る場合は "水不足" の状態，500 m^3 を下回る場合は "絶対

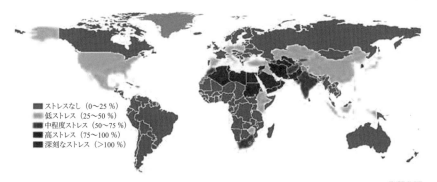

図 12.1 世界各国の水ストレス（2018 年）
［出典：FAO（国連食糧農業機関），Progress on level of water stress — Global status and acceleration needs for SDG indicator 6.4.2（2021），p. xvii（https://www.unwater.org/sites/default/files/app/uploads/2021/08/SDG6_Indicator_Report_642_Progress-on-Level-of-Water-Stress_2021_ENGLISH_pages-1.pdf）］

的な水不足"の状態を表すとされている．図 12.1 にみられるように，水ストレスの高い地域は北アフリカ，中東から西パキスタンにわたる．OECD（経済協力開発機構）の報告によると，現状では世界人口の 10 % 程度の人びとが厳しい水ストレスの状態にあるとされているが，2050 年には 40 % にあたる約 40 億人が深刻な水ストレスの地域で生活することになると危惧されている．

このような水ストレスの地域で海に面しているところでは，海水から淡水（真水）をつくることができる．古くから行われてきたのは，加熱・蒸留による蒸発法であるが燃料費がかさむうえ，大量の CO_2 を排出する．環境にもやさしく，すぐれた方法は半

> **コラム　浸透圧と逆浸透**
>
> 高校の化学で浸透圧について学んだと思うがここで復習しておこう．セロファンのような半透膜で水と塩の溶けた水溶液を隔てると，水は下図に示すように半透膜を透過（浸透 osmosis）して塩水のほうに移動し，塩水の濃度を薄めるような力がはたらく．この力は圧力で表すことができ，浸透圧とよばれる．
>
>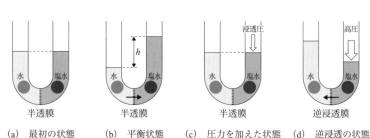
>
> 図　水溶液の浸透圧
> (b)の平衡状態では h の液柱の高さが浸透圧に相当する．
>
> 半透膜は細孔をもっており，水分子を通すことはできるが塩（イオン）や有機分子などは通すことができない．水分子 H_2O は 0.38 nm ほどの大きさであるが，Na^+ や Cl^- のようなイオンは，H_2O 分子が強く配位（水和）しているので（イオン自体は小さくても）大きな塊になっているため通過できない．有機分子も半透膜の細孔を通るには大きすぎる．半透膜の細孔は 2 nm 以下であり，セロファン（再生セルロース）のほか，アセチルセルロース，ポリアクリロニトリル，テフロンなどの膜もある．生物の細胞膜も半透膜である．
>
> 逆に塩水溶液のほうに浸透圧よりも高い圧力をかけると，塩水溶液のほうから水だけを移動させることもできる．この現象を逆浸透（reverse osmosis）という．逆浸透の現象を応用すれば，塩水（海水）から真水をつくることができる（逆浸透法）．

透膜を用いる逆浸透法(コラム参照)である．この方法は日本の先進技術であり，水不足地域における水問題の解決に貢献できるだろう．

　私たちの日本は水に恵まれた国であるが，多くの農作物や食糧を輸入している．これらの農作物や食糧を生産するためには水資源が必要である．国際的な食糧の輸出入には，必然的に水資源の輸出入が付随することになる．それらの生産のためにどれだけの水資源が必要か推定した仮想的な水量をバーチャルウォーター(virtual water)という．ロンドン大学の Anthony Allan(アラン)が 1990 年代初頭に提案した概念である．たとえば，トウモロコシ 1 kg の生産にはかんがい用水が 1900 L 必要であり，牛肉 1 kg の生産には約 2 万倍の水が必要である．言い換えれば，食糧の輸入はかたちを換えた水の輸入を含むことになる．

　日本の食糧自給率は 40 % 程度なので，日本人は海外の水に依存して生きていることになる．すなわち，日本はバーチャルウォーターを通じて海外とつながっており，海外の水不足や水質汚濁などの水問題は，日本にも無関係ではない．2005 年度に海外から日本に輸入されたバーチャルウォーター量は，約 800 億 m³ と推定され，日本国内での年間水使用量に匹敵するということである．

　上でみた水ストレスの高い地域だけでなく，日本の食糧の輸入元となっている米国でも，世界の食物倉ともいわれる中西部地帯で，小麦やトウモロコシなどの生産を支えている地下水のオガクラ帯水層の水位が下がってきており，将来的にはかんがい用水がなくなることが危惧されている．

　重ねて述べることになるが，豊かな日本は，その技術力をもって水不足の解決にも貢献していかなければならない．

12.3　森林破壊の可能性

　上でも述べたように，地球の約 30 % が大地であるが，森林面積はその 30 % 程度を占める．しかし，人間が農耕を始める前には全陸地面積の半分が森林であったとされる．

　地球上の森林は北方林と温帯林，それに熱帯林が考えられるが，前二者には森林火災や気候変動による被害がみられるものの森林破壊の現状は，熱帯林に比べると比較的変化が安定している．世界の森林面積(4.05×10^7 km²)の 45 % を占めるといわれる熱帯林(1.87×10^7 km²)は，南米のアマゾン流域の熱帯雨林と中米に 50 %，アフリカ中央部に 35 %，アジア太平洋地域に 15 % の割合で分布している．泥

炭湿地林や河口付近のような湿地にはマングローブ林もある.

森林は大気中の二酸化炭素 CO_2 を吸収して，木の中に炭素を貯め，糖やデンプンなどの炭水化物を生成し，**酸素を排出**している．森林が減少すると CO_2 の吸収量も減り，地球温暖化は一層深刻になる．森林の放出する酸素 O_2 の量は多く，南米アマゾン地域の熱帯雨林は地球上の酸素の 1/3 を生成しているといわれている．熱帯林は植物の種類も多様であり，そこに生息する動植物からバクテリアや細菌まで多様であり，遺伝資源の宝庫である．

森林は雨水を地下に蓄え，徐々に流出させることによって，**淡水資源を保持**するとともに，山崩れや土石流を防いでくれる．熱帯林地域では多量の降雨のため，森林がなければ，表層の栄養に富んだ土壌が流出し，生物の生存できない場所になる．

これらの熱帯林の減少の原因には，燃料用の木材の過剰な採取や建築用材の選択的伐採を越えた違法伐採による森林劣化がある．また，人口増加による食糧確保のため，農地や牧草地への転用(土地利用の変化)や森林火災も森林減少の大きな原因になっている．コーヒーやサトウキビの栽培，ゴム園やパーム油プランテーションの開発などのため企業も加わって大規模な伐採が進み，毎年 $1.5 \times 10^5 \text{ km}^2$ の割合で伐採されている．この面積は日本の本州の 70 % 近くに相当し，熱帯林は急速に減少している．

コラム　　EF ポリマー

高吸水性ポリマーとしては，従来から合成高分子が開発され，現在ではおもにポリアクリル酸ナトリウムが使われている．この重合体は非常に親水性の高いカルボキシ基を多数もっているので水となじみやすく，自重の数百倍から千倍の水を吸収する．さらに架橋させ網目構造にすると高い吸水性をもつゲルとなり，すぐれた特性を示すので，紙オムツ，生理用ナプキンなどのほか，蓄冷剤，結露防止剤，芳香剤，携帯簡易トイレなど幅広い用途に利用されている．しかし，これらの合成樹脂は，廃棄すると環境負荷になり問題を生じることは，他のプラスチックと同様である．

最近，果物の皮や搾りかすなど作物残さなどの廃棄植物からつくられた超吸水性ポリマーがインドのナラヤン・ガルジャール(Narayan Gurjar)によって開発され沖縄科学技術大学の協力で工業化され，実用化されている．この環境にやさしいポリマーは EF(Eco-Friendly)ポリマーとよばれており，100 % オーガニックで完全生分解性を有するため，合成高分子とは違って，環境にやさしい．

その四つの特徴をまとめると，

① 100 % 生分解性：ポリマーとしての効果が半年間持続した後，約 1 年かけ

てゆっくりと土に還る.

② 土壌の保水力と保肥力向上：自重の約50％の水分を吸水し，水分や肥料を長期間土壌に留め，作物の成長を助ける.

③ 健康な土づくりと環境への配慮：EFポリマーが土壌中で分解する過程で微生物が活性化し，健全な土づくりを助ける. ポリマーが給水や放出を繰り返すことで土壌に気相ができ，団粒構造を発達させる.

④ 水や肥料の節約と収量の増加：最大40％の節水と20％の肥料節約になり，収穫量の増加にもつながる.

[EF Polymer 株式会社(https://ja.efpolymer.com/about)]

12.4 乾燥地の砂漠化

一方，乾燥地といわれる地域では，干ばつと土壌浸食による砂漠化が進んでいる. 超乾燥地(陸地の約7.5％)といわれるサハラ砂漠やサウジアラビアの砂漠は年間雨量が100 mm以下で，ほとんど人間活動は不可能である. 乾燥地(年間雨量100〜300 mmで陸地の12.1％を占める)では放牧地を移動しながら牧畜が行われている. 気候変動の影響を受けやすい地域であり，サハラ砂漠の南縁，タクラマカンやゴビ砂漠，アフリカ南西部のナミブ砂漠，オーストラリアの中西部などがこの地域に入る.

半乾燥地(陸地の約17.7％)は乾燥地を取りまくように存在し(年間雨量は，冬に雨期になる地域では200〜500 mm，夏に雨期になる地域では300〜800 mm)，安定した放牧が行われ，不安定ながらも農業も可能である. 北米のロッキー山脈の東側に広がる地域が代表的な半乾燥地である. 乾燥半湿潤地(年間降水量700 mm以上で陸地の約10％を占める)は半乾燥地を取りまくように存在する. 安定した天水農業が可能だが，人口増加や人間活動により砂漠化する危険も大きい.

砂漠化する要因は，自然的要因として干ばつが最も大きく，干ばつによる作物の不作は飢餓につながる深刻な災害となり，放牧地では家畜の餓死を招く可能性もある. もともと肥沃度の低い耕地は，乾燥化により土壌劣化が進みやすく，風食が起こり，地表の土壌が飛んでしまう. また，かんがい農地では，蒸発により塩類の集積が起こり，農作物が育たなくなることもある. また，人口増加による過耕作，過放牧，過剰な薪炭剤の採取などの人為的な要因によっても砂漠化が進む.

森林減少や砂漠化に対する対策として，国連において生物多様性条約，気候変動枠組条約，砂漠化対処条約などにより協力する取り組みが行われ，1992年には"森林に関する原則声明"が採択されている. それに基づいて，さまざまなNGO

も活動している.

12.5 窒素とリンによる汚染

窒素循環について 5.3 節で述べたように,窒素は分子 N_2 として空気中の主成分であり,生体にもタンパク質やアミノ酸のかたちで含まれている.近代の農業では化学肥料として窒素やリン肥料が大量に使われるようになり,過剰な肥料が環境汚染の原因になっている.その問題点をここにまとめ,土壌汚染の一般的な問題は 12.6 節で述べる.

窒素肥料となるアンモニア NH_3 は,20 世紀初頭に発明されたハーバー・ボッシュ法によって製造されている(9.2 節).この工業的窒素固定により世界人口の増加に対応する食糧生産が可能になった.しかし,地球の窒素循環に関する科学的分析によると,安全なプラネタリー・バウンダリー(14 章)では,年間 4400 万トン以下の窒素肥料生産となっているが,1990 年代にすでにこのレベルを超え,2015 年には 1 億 5000 万トンの窒素肥料が生産されているという.日本では,化学肥料の使用を低減するエコファーマーという動きが広まり,窒素肥料需要は 1990 年の 61.2 万トンから 2016 年には約 40 ％減少し 37.5 万トンになっている.過剰な窒素は汚染源になるので,化学肥料の低減を世界に広める必要がある.

一方,リン P にはまったく別の問題がある.リン資源はリン鉱石のかたちで存在し,リン肥料の原料になっている.しかし,リン鉱石の採掘可能量には限界があり,将来 50 年から 100 年の間に枯渇する可能性がある.リンは代替物のない有限の資源であり,遅かれ早かれ不足してくることになる.

肥料として使用後のリンは,ほとんどが淡水や沿岸海域の底の沈殿物中に堆積しているので,回収・リサイクルが難しくコストもかかる.すでに世界各地で肥料用のリンが不足しているが,日本ではリン肥料の需要は減少している.1990 年の 69 万トンから 2018 年には 30 万トンまで約 60 ％の減少がみられる.過剰なリン肥料は環境の汚染源になるので,無駄に排出される量を減らすためには農業用地の利用の仕方を工夫することも必要である.また,し尿処理におけるリンの取扱い方法も変える必要がある.排泄物には多くのリンが含まれ,肥料としてリサイクルできる(衛生問題に気をつけて使う必要があるが).人 1 人分の尿に含まれるリンは,1 人分の食料供給に必要な肥料の量とほぼ同じであることがわかっている.

しかし，過剰な肥料は河川そして海まで流れ込み富栄養化の影響を現すようになる．藻類が増殖し，動物の毒になったり，水路を詰まらせたり，景観を損なう．結果的に淡水の下層水に無酸素状態を引き起こしたり，海洋でもバルト海でみられたように"酸欠海域"が生じたりして，生態系に深刻な影響を及ぼすことになる．また，富栄養化した海域に強い太陽光が注がれるとプランクトン(おもに植物性)が増殖し海面が赤褐色から茶褐色に変色することがある．この状態を赤潮といい，その海域は酸欠状態になり，魚介類が被害を受ける．日本では瀬戸内海，東京湾，有明海などのような海流の少ない内海域で夏場に発生しやすい．

12.6　土　壌　汚　染

土壌汚染とは，土壌中に重金属，有機溶剤，農薬，油などが，自然環境や人の健康・生活に影響があるほどの量で含まれている状態をいう．

土壌は私たちの生活の場であり，生活排水などから生じる汚染もあり，日本でも毎年900件以上の新しい土壌汚染が報告されているという．土壌汚染は地下水汚染のように，水質汚染からも強い影響を受けるし，逆に地下水汚染が土壌汚染にかかわることもあるので，両者を同時に考える必要がある．水質汚染については12.7節にまとめて述べる．

どのような物質がどのようにして土壌汚染の原因になるのか，過去の土壌汚染問題から調べてみよう．土壌汚染にかかわる公害問題の例もある(後述)．

- ・足尾銅山の排水による農地汚染(1880年代) ── ヒ素
- ・新潟水俣病，阿賀野川流域の農地汚染(1960年代) ── 有機水銀
- ・イタイイタイ病，神岡鉱山排水による農地汚染(1950年代) ── カドミウム
- ・東京都江東区の地下鉄用地(1973年買収) ── 六価クロム
- ・香川県豊島事件(1977〜1990年) ── 産業廃棄物不法投棄
- ・東京都大田区の道路舗装下(化学工場跡地)(2000年) ── PCB
- ・東京都・豊洲土壌汚染(2000年頃〜) ── 重金属，ベンゼンやシアン化物など
- ・茨城県神栖町の井戸水に原因不明の高濃度ヒ素化合物検出(2003年) ── ヒ素
- ・大阪のマンション敷地(三菱金属製錬所跡地)(2004年) ── ヒ素，セレン
- ・東京都北区豊島の公園・学校敷地(化学工場跡地)(2004年) ── ダイオキシン
- ・岡山市住宅団地(せっけん工場跡地)(2004年) ── トリクロロエチレン，ベンゼン
- ・福島第一原発事故(2011年) ── 放射能(放射性セシウムとヨウ素)

土壌汚染ではないが同種の汚染物質による健康被害もみられた.

・熊本水俣病，海水汚染(1950 年代) ── 有機水銀
・森永ヒ素ミルク中毒事件(1955 年～) ── ヒ素
・カネミ油症事件(1968 年) ── PCB

このように土壌汚染を起こす原因物質には，産業廃棄物や工場排水などに含まれる重金属類，揮発性有機化合物(VOC)，それにダイオキシンに代表される有害化学物質がある．これらの原因は人為的なものだけでなく，自然的要因によるものもある．2002 年に公布された「土壌汚染対策法」では，下に示す物質が規制対象になっており，決められた基準値を超えないようにし，土壌の汚染を防止・除去し，対策を講じることが求められている．その中でも，VOC には電子部品工場で洗浄用に大量に使われる溶剤も含まれており，浸透しやすいので，広域に広がって地下水汚染を引き起こす可能性も高い．

重金属など 9 種類：

カドミウム，鉛，六価クロム，ヒ素，水銀，セレン，シアン化物，フッ素，ホウ素とそれらの化合物

VOC 12 種類：

CH_2Cl_2, CCl_4, $ClCH_2CH_2Cl$, $ClCH=CH_2$, $Cl_2C=CH_2$, cis-$ClCH=CHCl$, Cl_3CCH_3, Cl_2CHCH_2Cl, $Cl_2C=CHCl$, $Cl_2C=CCl_2$, $ClCH=CHCH_2Cl$, ベンゼン

農薬など 5 種類：

PCB，有機リン化合物(殺虫剤)，シマジン(除草剤)，チオベンカルブ(除草剤)，チウラム(殺菌剤)

PFAS と PFOS：

> ## コラム　　PFAS と PFOS について
>
> 　PFAS は perfluoroalkyl and polyfluoroalkyl substances の略号であり，アルキル基に多数のフッ素原子が結合した化合物の総称である．これらの化合物は，強力な C－F 結合をもつために分解されにくく，環境に排出されると長期間保留される．PFAS のうち，ペルフルオロオクタンスルホン酸(PFOS)やペルフルオロオクタン酸(PFOA)などは人体に蓄積し毒性があるので，環境汚染物質とされている．化学物質審査法によって PFOS については 2010 年 4 月に製造・輸入が許可制になり，2018 年にはすべての用途で製造，輸入が原則禁止になった．さらに，PFAS は(PFOA も含めて)2021 年に第一種特定化学物質に指定され，製造・輸入が原則禁止された．
>
> 　これらの化合物は水に溶けやすいので，地下水汚染を起こしたり，飲料水に混入したりしやすい．国内では近年，暫定目標値を超える PFAS の検出が相つぐ.

PFASが浄水所から高濃度で検出された東京都多摩地区の住民が健康問題について訴えている．日本の規制は在日米軍基地には適用されないが，2023年5月，在日米軍司令部は国内のおもな米軍基地で，PFOSやPFOAを含まない泡消化器への交換が終了したと発表した．7月末には岐阜県各務原市の水道水源地で，8月には浜松市の航空自衛隊浜松基地近くの水路でPFASが検出された．2023年11月の報道では，岡山県北部で近隣の資材置場から漏れたPFASが沢の水に高濃度(国の暫定目標値50 ng L^{-1}の1240倍)で検出され，飲料水にも目標値の28倍の濃度が混入していた．沖縄県の米軍基地の周辺から高濃度のPFASが検出されたという事例もあった．環境省は暫定目標値の見直しを検討している(2024年7月)．

　土壌汚染は，原因となる危険物の性質だけでなく，地下の断面構造や土壌の構造によって影響の現れ方も異なってくるが，詳細は専門書に譲りたい．私たちの目に触れる土壌については，粒径2 mm以上の礫(れき)とよばれる岩石からできた粒子，砂(2〜0.02 mm)，粘土(0.002 mm以下)があり，砂と粘土の中間サイズのものはシルトとよばれる．これらの混合物に有機物が多く含まれる黒い土もあり，微生物も多く含まれ植物の育ちやすい土壌を形成している(微生物は細かい土を集めて大きな粒子にして水はけをよくする)．このような土壌が耕作地に適しているが，農薬の使用により微生物が少なくなり，有機物を分解しにくくなると，土の滋養力が低下し耕作に適さない土壌になっていく傾向もみられる．過剰な化学肥料からくる窒素とリンによる汚染については，より広い立場から12.5節で述べた．

　汚染土壌を浄化するための対策は，その原因物質によって異なる．重金属類は一般に土壌に吸着されやすいので，汚染が拡散しにくく，表層土壌にとどまっていることが多い．有機化学物質の中でもPCBやダイオキシンのように固体あるいは粘性の高いものは，そのままでは浸透できないので表層にとどまり，揮発性も低い．一方，難分解性の揮発性有機化合物(VOC)は，土壌に吸着されず地下まで浸透して地下水を汚染しやすく，地質によっては土壌中でそのままとどまることもあるが，深層まで浸透する場合もある．

　土壌汚染の対策では，汚染物質の拡散を防ぐことが重要であり，土壌を掘削し洗浄したり，不溶化処理をして場外へ搬出したりしていたが，微生物のはたらきで汚染物質を分解する技術が注目されている．バイオレメディエーション(bioremediation)という方法である．また，特定の汚染物質を蓄積しやすい植物を利用する方法もある．カドミウムを蓄積するイネ科植物や，ヒ素を蓄積するシダ類の利用が知られている．

　市街地では，小規模な土壌汚染として，ガソリンスタンドやクリーニング店の跡地

などがあるが，その状態を認識したうえで，その影響を受けないような跡地利用を考えるべきである．

12.7　水質汚濁と水質汚染

　水の汚れについて，専門的には川，湖沼，沿岸海域などの公共用水域，地下水の自然環境による汚れを**水質汚濁**というのに対して，特定事業所・工場などから排水される排出水の汚れを**水質汚染**という．また，工場内の施設から流れ出す汚水などは，汚水，排水，廃液などと称し，工場から公共用水域に排出されるものを排出水ということになっているが，ここではあまり細かいことにはこだわらずに水の汚染について考えていく．有害物質で汚染された水は地下水汚染を通して土壌汚染の原因にもなり，直接・間接的に人の健康被害につながり，生活環境を悪化させることになる．

　このような有害物質を含む排出水を規制する目的で 1970 年に「水質汚濁防止法」が制定された．この法律では，水質汚濁を生じる施設を特定施設として定め，その施設を設置する工場・事業所などは，法律に基づく届出と水質測定の義務が課されることになった．有害物質の項目をあげ，それぞれに排水基準値が決められている．

　おもな汚染物質は重金属と有機物に分けられるが，水中に溶けている重金属イオンの処理は，基本的には中和剤を加えて pH を中性にして，中和反応によって生成する固形成分を分離して除去処理する．

　有機物による水質汚濁の指標として COD (化学的酸素要求量) や BOD (生物学的酸素要求量) が用いられるが，それぞれ汚染物質を化学的あるいは生物学的に酸化するために必要な酸素量を示す．有機物質の分解・無害化の方法の一つは酸化分解法であり，塩素，オゾン，過酸化水素などを使って酸化分解する．また，微生物を使って分解・無害化する方法はバイオ処理と総称される．その代表例は下水処理場で採用されている活性汚泥法である．ばっ気槽の汚水に空気を送り込み，好気性微生物を活性化して汚泥を処理させ，塊となった汚泥を沈殿槽で沈殿させて上澄みと固形物を分けて処理する．

　また，河川・湖沼は自然の浄化力をもっており，ある程度の水質汚濁は自ら浄化することができる．好気性菌，原生動物や小虫類，藻類，嫌気性菌などの作用がある．そのような自然環境を取り戻すために，かつてのコンクリートによる河川改修

12.7 水質汚濁と水質汚染　　115

工事を見直し，自然環境を回復する活動が進められている．

　地下水汚染は，地下水の中に重金属，有害化学物質，農薬，油，硝酸性窒素や病原性細菌などが含まれ，自然環境や人の健康などに影響を与える状態である．地下水汚染の原因となる有害物質を含む水を地下浸透させ，人の健康に被害を生じさせる恐れがある場合には，その水を排出している特定施設の設置者は地下水の浄化措置を行わなければならない．

　土壌汚染がある土地では地下水汚染が生じていることが多いので，土壌汚染を防止することが地下水汚染を少なくすることになる．そこで土壌汚染対策法において，有害物質の土壌への溶出量を評価するための基準が定められている．

13 公害問題と化学物質

　有害化学物質も，その量が多くなければ自然の浄化作用によって十分処理されるが，排出物が多量になって自然の処理能力を超えたり，浄化能力に頼れない新しい廃棄物が出てくると，自然環境の汚染が進み，生態系が破壊されたり，人間の健康に被害が生じたりして，環境汚染や公害問題として対策が必要になる．ここでは，公害問題を振り返ることから始める．これまでの章でも汚染問題に言及しているので，すでに詳しく説明した問題は相互引用でわかりやすくするようにしたい．

13.1　公害問題

　公害とは，経済合理性を重視した社会・経済活動によって環境が汚染されるという社会的災害のことである．まず，日本を中心にどのような公害があったかを振り返り，その原因を探り，公害に対する対策を考えることにする[*1]．

　日本の公害問題は，明治時代中期(1880年頃)の足尾銅山(栃木県)の鉱毒問題から始まる(この事件は土壌汚染の例として12.6節でも言及した)．足尾銅山の排水が流れ込んだ渡良瀬川では大量の魚類が死に，長年にわたって稲作への被害が発生しただけでなく，銅の精錬に伴う煙害によって樹木が枯れ，山林破壊が起こった．足尾銅山鉱毒問題では，政治家の田中正造が操業停止と損害賠償を求める住民運動の先頭に立って戦ったことから，多くの国民に公害問題の深刻さを知らしめることになり，日本の公害問題の原点となった．

　太平洋戦争後の高度経済成長期に入り，1950年代以降，有害化学物質に起因する公害病が顕著にみられるようになった．"四大公害病"として知られる熊本水俣病，新潟水俣病，イタイイタイ病，四日市ぜんそくは，いずれも高度成長期の日本企業が生態系や地域住民への影響を考えることなく，有害化学物質を垂れ流した結果であった．

[*1]　環境問題の歴史を pp. viii-ix にまとめた．

1960年代の大阪空港の航空機騒音問題も五つ目の公害と考えられることもある.

・熊本水俣病(1950年代)：熊本県水俣市の化学工場の工業排水が原因である. アセトアルデヒド製造工程で, 触媒の水銀化合物から副生した有機水銀が排水に含まれて, 水俣湾に流れ込み, 魚介類に蓄積し, それを食した人体に取り込まれた. その結果, 手や口にしびれを生じ, 重症の場合には脳が冒され, 手足の自由を奪われ, 死に至った.

・新潟水俣病(1960年代)：新潟県阿賀野川流域の化学工場のアセトアルデヒド製造から生じた排水による被害. 熊本水俣病と同じ結果.

・イタイイタイ病(1950年代)：富山県神通川流域. 岐阜県神岡鉱山からしみ出したカドミウムによる水田汚染. 手足の骨がもろくなり, 激しい痛みを生じた.

・ロサンゼルス型スモッグ(1940年代〜)：自動車排気ガスによる光化学スモッグ(米国).

・ロンドンスモッグ事件(1952年)：家庭暖房の排煙による健康被害.

・四日市ぜんそく(1950年代)：三重県四日市市の石油化学コンビナートの排煙に含まれた二酸化硫黄が原因となり, 気管支炎やぜんそくを発症し, 死者も出た. 神奈川県川崎市でも同様の問題を生じた.

・日本における光化学スモッグ(1970年代〜)：東京ほか各地.

コラム　光化学オキシダント

工場の煙や自動車の排気ガスなどに含まれているNO_xやオゾン, VOC(揮発性有機化合物)が太陽の紫外線を受けて光化学反応を起こして生成した酸化力の強い化合物を総称して光化学オキシダントという. 光化学オキシダントに含まれるVOCとその酸化生成物にはペルオキシアセチルナイトレート, アルデヒドやアクロレインなどがある.

$$H_3C-\overset{\overset{\displaystyle O}{\|}}{C}-O-O-\overset{+}{\underset{O^-}{N}}\overset{O}{\underset{}{\diagdown}}$$

ペルオキシアセチルナイトレート
peroxyacetyl nitrate

$$H_2C=\overset{H}{\underset{}{C}}-\overset{H}{\underset{}{C}}=O$$

アクロレイン（プロペナール）
acrolein (propenal)

この濃度が高くなると光化学スモッグが発生し, 遠くの山や建物にもやがかかったような状態になる. 目やのどの粘膜に刺激を与え, 健康被害を起こすことがある. 植物も影響を受け, ケヤキやポプラなどが葉を落としたり, アサガオの花などに斑点が生じたりすることもある. 最高気温が25℃以上で日照の強い夏日で風の弱い日に発生しやすい.

健康の維持のための環境基準として, 光化学オキシダントの1時間値が0.06 ppm以下であることが望ましいとされている.

・自動車スパイクタイヤからの粉塵(1970年代〜)：北海道などの冬期における大気
汚染.

環境基本法(1993年)では典型7公害として7項目をあげていたが，福島第一原子力
発電所事故(2011年)による放射能汚染を契機として，2012年に法律が改正され放射性
物質を公害物質と位置づけることになった．したがって，次の8項目が典型的公害と
いえる．

　・大気汚染　・水質汚濁　・土壌汚染　・騒音　・振動　・悪臭
　・地盤沈下　・放射能汚染

このほかにも建設作業，工場，道路交通などからくる振動も公害として取り上げられ，
振動規制法が1976年に公布され，1993年に改正されている．これらの問題について
は節を改めて述べるが，このほかにも広義には，食品公害，薬品公害(薬害)，交通公
害などもある．ごみ処理やリサイクルなども含めて日常生活で対策を考えやすい問題
は，生活に密着した問題として15章で述べる．

13.2　大　気　汚　染

大気汚染物質は2種類に大別できる．一つは気体分子であり，オゾン，一酸化炭
素，硫黄と窒素の酸化物(SO_X，NO_X)がある(10.4節)．もう一つは大気中に浮遊
する微小粒子(PM2.5など)であり，エアロゾルとよばれることもある(10.5節)．
これらの物質は人の健康に悪影響を及ぼす可能性がある．

過去の大気汚染のよく知られた事例には，上に述べたように石炭燃焼から出たSO_X
やばい煙によるロンドンスモッグ事件(1952年12月)や自動車排気ガスを原因とする
ロサンゼルス型スモッグ(1960年代)がある．

日本では，1960年代に顕在化した硫黄酸化物(SO_X)などの産業公害型の大気汚染に
よる被害が，各地のコンビナートでみられるようになった(四日市ぜんそく)が，1968
年に「大気汚染防止法」が制定され，ばい煙の排出規制が本格的に行われ，公害対策
は着実な進展を遂げた．続いて1970年代からは大都市圏を中心とした都市・生活型の
大気汚染が問題になった．とくに自動車排気ガスに含まれる窒素酸化物(NO_X)は，光
化学オキシダントとして光化学スモッグを生成した．1970年7月には光化学オキシダ
ントによる大きな健康被害が東京でみられた．約5200人の都民が眼の刺激や呼吸困難
を訴えた．その後各地に同様の健康被害がみられるようになった．

大気には国境がないので，ヨーロッパでは酸性雨が国境を越えて広まり，越境大気

汚染が大きな問題になった．日本には，中国から偏西風に乗ってくる黄砂，PM 2.5，酸性雨や光化学オキシダントなどの越境大気汚染が心配されている．米国も，アジアから太平洋を越えて広がる大気汚染を危惧している．

　大気の大循環については 10.3 節で述べたが，大気中では物質の移動や拡散が速く，北半球の東西方向の場合には，偏西風やジェット気流に乗って運ばれるので，汚染物質は 2 週間以内に地球を 1 周する．南北方向の場合には，半球内ならば 1〜2 カ月で移動するが，北半球から赤道を越えて南半球に移動するには 1 年ほどかかる．日本では越境汚染物質を調べるために南鳥島で観測が行われている（図 10.3 参照）．

　経済活動の拡大に伴って，火力発電所や工場の排煙が増え，交通需要が増大して道路の交通渋滞が起こり，硫黄酸化物（SO_X）や窒素酸化物（NO_X），二酸化炭素（CO_2）などの大気汚染物質の排出量が増えた．その結果，光化学オキシダントや有害大気汚染物質への低濃度長期曝露による健康への影響が心配される状態がみられたが，最近は改善の傾向もみられる．こうした問題に対処するためには，私たち一人ひとりが，このような大気汚染の現状と対策に対する理解を深め，協力して取り組んでいく必要がある．

13.3　ダイオキシンと関連物質

　環境汚染を起こす化学物質について，どのような問題を起こしたか，その例からみていこう．ついで，薬害事件を起こした化学物質についても述べる．

　1960 年代，ベトナム戦争に介入した米軍は，住民軍の潜む南ベトナムの密林を消滅させるために大量の枯れ葉剤を飛行機などから散布した．枯れ葉剤は除草剤の 2,4,5-T であり，エージェントオレンジとよばれた．その不純物として含まれていたダイオキシン（ジオキシン類）により奇形児がたくさん生まれ世界を震撼させた．枯れ葉剤は 1962〜1971 年にかけて 6 千万 L 以上散布されたといわれる．

2,4,5-T
(2,4,5-trichlorophenoxyacetic acid)

dioxin（ジオキシン）
(poychlorinated dibenzo-1,4-dioxin)

　その後，米国・ナイヤガラにあるラブキャナル産業廃棄物埋め立て地から浸出したダイオキシンによる人体被害がみられ，ミズーリ州タイムズビーチでは農薬工場のほ

こり止めに散布した廃油中に含まれていたダイオキシンによる土壌汚染なども相ついで起こった．さらに，1976年には，イタリア北部の農薬工場の爆発事故で放出されたダイオキシン（推定34kg）のために，多数の家畜が死に，3万7000人が曝露し，高濃度汚染地域の住民は強制立ち退きせざるを得なかった．

　日本では各地の都市ごみ焼却炉の灰と排ガス中にダイオキシンが検出され大きな問題になった．1997年2月にWHO（世界保健機関）がダイオキシンの毒性評価として"発がん性である"としたことから，日本でも厚生労働省は排出ダイオキシンの濃度に関してゴミ焼却炉の性能に規制をかけるようになった．

　PCB，とくにコプラナー（coplanar：共平面性）PCBはダイオキシンと同様に有害である．日本では，1968年にカネミ油症事件とよばれる問題があった．米ぬか油製造工程に使われた熱媒体に混入したPCB由来の有害物質が製品を汚染し，健康被害を起こしたのである．

PCB
(poychlorinated biphenyl)

　DDT[*2]はかつて殺虫剤として農薬にも使われていたが，いまでは日本では製造も使用もされていないが，アフリカ，アジア，中南米ではマラリアを媒介するハマダラ蚊の防除に限って使用が認められている．農薬には，除草剤，殺虫剤，殺菌剤，植物成長調整剤などがあり，農業だけでなく市街地の街路樹やゴルフ場にも使われ，屋内の殺虫，殺菌にも使われている．農薬の中には害虫だけでなく，人に対して毒性をもつものもあるので，注意して使う必要がある．

DDT
(1,1,1-trichloro-2,2-di(4-chlorophenyl)ethane)

　上で述べた化合物の中には，安定で環境に残っても分解されにくく残留・蓄積されるものもある．このようなものはPOPs（persistent organic pollutants：残留性有機汚染物質）とよばれ，生態系では食物連鎖により生物濃縮されたり，気流に乗って長距離移動し国境を越えて影響を及ぼしたりする可能性もある．その対策として2001年にストックホルム条約（POPs条約）が採択され，国際的な連携がとられている．

---

　*2　DDTは慣用名（<u>di</u>choro<u>d</u>iphenyl<u>t</u>richloroethane）の略号であるが，正式名は構造式の下に記した通りである．

13.4 環境ホルモン

上にあげたダイオキシン，2,4,5-T，PCB，DDT をはじめとするベンゼン環をもった多くの化合物は非常に安定であり，環境に放出されると，私たち人間だけでなく多くの生物の内分泌作用をかく乱し，生殖機能阻害，悪性腫瘍などを引き起こす可能性があるので，内分泌かく乱物質あるいは環境ホルモンとよばれている．これは女性に影響を及ぼすだけでなく，過去50年間に男性の精子産出量が減少傾向にあることがデンマークの研究者により指摘されている．環境庁は内分泌かく乱作用をもつと疑われる67種類の物質をあげている．これらの中には防腐剤，除草剤，殺菌剤，殺虫剤などの商品名も含まれる．また，トリブチルスズやトリフェニルスズのように船底染料や漁網防腐剤に使われているものも含まれており，カドミウム，鉛，水銀も内分泌かく乱作用が疑われている．

近年，環境ホルモンとしてとくに問題となっているのはノニルフェノールであり，工業的につくりやすいために界面活性剤原料などとして広く出回っており，内分泌かく乱作用をもつ物質の代表例になっているが，動物実験などにも使われている．ノニルフェノールは炭素数9のアルキル基をもつフェノール類の総称名であるが，とくに問題となっているのは次の構造をもつものである．

$$HO-\langle\ \rangle-\underset{\underset{CH_2CH_3}{|}}{\overset{\overset{CH_3}{|}}{C}}-CH_2CH_2\underset{\underset{CH_3}{|}}{\overset{}{CHCH_3}}\quad ノニルフェノール$$

コラム　化学物質審査法について

13.3節や13.4節で述べたように，化学物質の中には人の健康や環境に有害なものも少なくない．このような化学物質を規制するために**化学物質審査法**が制定されている．その契機となったのは PCB による環境汚染であり，1973年に「化学物質の審査及び製造等の規制に関する法律（化審法）」が制定された．その後，規制対象や規制・管理方法の修正などのため，1986，2003，2009，2017年に改正が実施されている．同様の規制法は世界各国でも制定されている．たとえば，米国では1976年に TSCA(Toxic Substances Control Act)，EU では2006年に REACH(Registration, Evaluation, Authorisation and Restriction of Chemicals)が出されている．

下に，化審法の対象となるおもな化学物質をあげておくが，詳しくは経済産業省のホームページを見るとよい．

https://www.meti.go.jp/policy/chemical_management/kasinhou/about/substance_list.html

新たに製造・輸入される新規化学物質は事前審査されることになっており，実際に使われるようになったものは継続的に管理措置がとられる．そのために化学物質の性状に応じて，第一種と第二種の特定化学物質に指定し，適切な規制および管理を行っている．

第一種特定化学物質には，難分解性・高蓄積性・人への長期毒性の恐れまたは高次補食動物への毒性のあるもの 34 種類が指定され，製造・輸入は許可制になっており，特定用途以外の使用が禁止され，環境中への放出を回避するようにしている．これらのほとんどは POPs 条約に登録されている物質である．また，難分解性・高蓄積性ながら毒性不明のもの 41 種類が監視化学物質としてあげられ，製造・輸入実績数量，詳細用途などの届出義務を課して，使用状況を詳細に把握するようにしている．

・第一種特定化学物質の例

PCB，ポリ塩化ナフタレン（正しい名称はポリクロロナフタレン），ヘキサクロロベンゼン，ペンタクロロベンゼン，ヘキサクロロナフタレン，ヘキサクロロシクロヘキサン，殺虫剤として使われたポリクロロ化合物（DDT を含む），ビス（トリブチルスズ）オキシド（漁網防腐剤，船底塗料），2,4,6-トリ-*t*-ブチルフェノール（酸化防止剤など），ヘキサクロロブタジエン，PFOS，PFOA，ヘキサブロモビフェニル（難燃剤），ポリブロモジフェニルエーテル類（難燃剤）

難分解性・高蓄積性ではないが，人への長期毒性の恐れまたは生活環境動植物への毒性があり，環境に残留して被害の恐れが認められるもの 23 種類（そのうち 20 種類が有機スズ化合物）が第二種特定化学物質とされ，製造・輸入予定の数量などの届出が義務づけられ，その数量も規制されている．環境への放出を抑制するようにはかられている．

・第二種特定化学物質

トリクロロエチレン，テトラクロロエチレン，四塩化炭素，トリフェニルスズ=クロリド（塩化トリフェニルスズ）など有機スズ化合物 20 種類

また，人の健康や生態系に影響するという観点から優先評価化学物質として 273 種類が指定されていたが，その中には有機化学実験室などでよく見かけるような化合物も数多く含まれている．その後，55 種類は取り消されている．取り消されたものの中には，メタノール，アセトン，メチルエチルケトン，エチルアミン，クロロベンゼン，クロロアニリンなどがある．

13.5 薬害問題

医薬品は，ごく少量で人の生命の営みに深くかかわる化合物であり，少しでも間違える(微量の不純物が含まれることもあり得る)と薬害問題を起こし，重大な健康被害を及ぼすことになる．日本でよく知られている三つの事件について説明する．

・サリドマイド事件：　1957年にドイツの製薬会社から睡眠薬としてサリドマイドが発売された．日本では睡眠薬と胃腸薬として発売されたが，この薬を妊婦が服用すると奇形児が生まれるという被害が，世界規模で発生した．日本では300人あまりの被害者を出し，1962年9月には販売禁止となった．サリドマイドは図13.1に示すような三次元の化学構造をもっており，AとBで示すような二つの形が可能である．この二つは鏡像異性体(エナンチオマー)とよばれ，右手と左手のように鏡に映したような関係をもち，異なる分子を表している．一方には催眠作用があるが，もう一方は催奇性をもつ．AとBは体内で互いに変換(異性化)できる(そのため，どちらの異性体が有効であるのかわからない)．その後，サリドマイドは多発性骨髄腫およびハンセン病の治療薬として再認可され，妊婦や妊娠前の女性以外に活用されている．

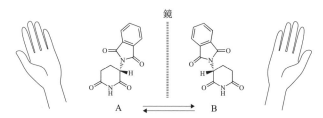

図 13.1　サリドマイドの鏡像異性体

・スモン病事件：　整腸剤としてキノホルム(クリオキノール)を服用したことによって発生した病気で，1955年頃から患者が発生し，1967〜1968年に患者発生数がピークになった．スモン病[*3]になると，下肢のしびれ，脱力，歩行困難などの症状がみられ，視覚障害が起きることもある．日本では1970年にキノホルムの製造・販売は禁止になった．

[*3] スモンの名称は亜急性脊髄視神経症の英語名(sub-acute myelo-optico-neuropathy)の略号(SMON)からきている．

キノホルム
quinoform
(5-chloro-7-iodo-quinolin-8-ol)

・薬害エイズ事件： 1980 年代に血友病患者の治療に使われた血液凝固因子製剤に混入していたヒト免疫不全ウィルス HIV により，多数の HIV 感染者，そしてエイズ AIDS（後天性免疫不全症候群）患者を生み出した．これは加熱殺菌処理をしていない血液からつくった製剤を使ったために起こった薬害であり，日本では全血友病患者の約 40 ％にあたる 1800 人が HIV に感染し，そのうち 400 人以上が死亡しているといわれる．

・薬害肝炎事件： 輸血後，肝炎を発症する例は 1950 年代からみられていたが，1970 年代以降，出血を抑えるために使われた血液凝固因子（フィブリノゲン）製剤に含まれていた肝炎ウィルスのために C 型肝炎による健康被害が多くみられるようになり，いろいろと対策がとられたが 1980 年代まで続いた．この製剤の推定投与数は約 29 万人に上り，推定肝炎感染者数は 1 万人以上と推算されている．この血液製剤はヒトの血液から製造されている．

14 地球環境の限界

　地球環境について，その問題点がプラネタリー・バウンダリー(planetary boundaries：地球の限界)という考えでまとめられている．この考えは地球上で人類が生存できる安全な活動範囲とその限界を定義するものであり，2009 年にストックホルム大学の研究者らを中心に提案された[*1]．さらに 2015 年にはこの考え方を発展させて，国連で"持続可能な開発目標(SDGs)"が策定された．これまで考えてきた問題のまとめとして，これらの提案について説明する．

14.1　プラネタリー・バウンダリー

　プラネタリー・バウンダリーでは地球の限界点を 9 項目に分けて考え，図 14.1 に示すような円形の図にまとめている．2009 年にストックホルム大学レジリエンス・センター(Stockholm Resilience Center)長の J. Rockström(ロックストローム)を中心とする 29 名の国際的な科学者グループによって提案され，2015 年，さらに 2023 年に更新され，9 項目すべてについて評価を見直し，そのうち 6 項目ですでに限界を超えていると結論した．それぞれの問題点については各章で説明してきたが，ここでまとめてロックストロームらの考えを説明する．

　図 14.1 において，内側の円内に収まっている項目はほぼ問題ないが，オレンジ(QR コード参照)が濃くなって赤色に広がっている項目は限界を超えていることを表しており，すでに 6 項目が該当しており，人間活動に大きな影響を及ぼす不可逆的な変化をもたらす可能性があると予測している．

　気候変動に大きく影響するのは，大気中の二酸化炭素 CO_2 濃度である．その限

[*1]　次の著作が参考になる．J. ロックストローム，M. クルム 著，武内和彦，石井菜穂子 監修，谷淳也，森 秀行 訳，"小さな地球の大きな世界：プラネタリー・バウンダリーと持続的な開発"，丸善出版(2018；原著は 2015 年出版)．

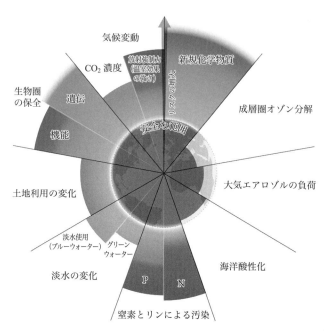

図 14.1　プラネタリー・バウンダリー(地球の限界)
オレンジから赤色の領域は, "不安定でリスク増大"から"不可逆的な変化が起こるリスクが高い"ことを示す.
[出典：Azote for Stockholm Resilience Centre, Stockholm University. Based on Richardson *et al.* 2023 (https://www.stockholmresilience.org/research/planetary-boundaries.html)]

界値は 350 ppm といわれていたが, 2014 年にはこの限界を超えて 400 ppm になり, 現在では 450 ppm に達している. この問題については 7.1 節で詳しく述べ, CO_2 の除去と利用についても述べた(7.4 節). 気候変動(6.4 節)や酸性雨(10.4 節)と海洋酸性化(11.4 節)にも CO_2 濃度がかかわっている. オゾン層の破壊については大気圏における問題の一つとして 10.2 節で述べた. 大気エアロゾルについては 10.5 節で述べ, 新規化学物質の負荷については環境汚染の問題として 13 章で説明した.

　生物多様性の保全についてはこの章(14.3 節)にまとめるが, 気候変動だけでなく, 土地利用の変化(森林の減少と砂漠化：12.1 節, 12.3 節)や水利用の問題(12.2 節)とも深く関係している. 生物の絶滅率は 100 万種当たり年間 10 種を限界としているが, 実際にはすでに 100〜1000 種の絶滅が観測されているという.

　限界を大きく超えている陸地の汚染問題として, 窒素とリンの循環がある. 化学

窒素肥料の限界値は年間 4400 万トンとされているが，1990 年代にこの限度を超えてしまった．しかし 2000 年代になって，この問題(窒素とリンによる汚染)は日本では農業関係者の努力で大きく改善されている(12.5 節)．中国や東南アジア各国での改善に協力する必要があるだろう．この問題は，人口問題，食糧と貧困の問題にも関係しており，持続可能な社会の考え方(SDGs)に発展してきた．

14.2 持続可能な開発目標

プラネタリー・バウンダリーの考えを発展させて，世界から貧困をなくし，持続可能な社会・経済・環境をつくり上げることを目標として，2015 年に国連で SDGs (Sustainable Development Goals：持続可能な開発目標)を含む"私たちの世界を変革する：持続可能な開発のための 2030 アジェンダ"という文書が採択された．各国政府はそれぞれの国で 2030 年までに達成すべき目標を策定し，SDGs の実施状況を国連で定期的に点検することになった．

ここで取り上げられた 17 の目標(ゴール)は五つの P(Ⅰ～Ⅴ)に分類できる[*2]．これらを下に列挙したが，その下にはこれらを実現するための方策として 169 のターゲットを提案している．ここで各項目について詳しく説明することは避けるが，岩波新書の『SDGs——危機の時代の羅針盤』(南 博・稲葉雅紀 著，2020)が参考になるだろう．多くの項目に"持続可能"で"平等"であることという但し書きがついている．

Ⅰ．人間(People)のゴール
（1） 貧困をなくす．
（2） 飢餓を終わらせ，食糧保障と栄養改善の実現．持続可能な農業の促進．
（3） 健康的な生活と福祉の促進．
（4） すべての人に公平な質の高い教育と生涯学習の促進．
（5） ジェンダー平等．
（6） 衛生的な水とトイレ．
Ⅱ．繁栄(Prosperity)のゴール
（7） 安価かつ信頼できるエネルギー．
（8） 経済成長と雇用．

[*2] P で始まる用語で分類できる．

（ 9 ）　インフラ構築と産業，イノベーション．
（10）　各国内および各国間の不平等の是正．
（11）　安全な都市と人間居住．

Ⅲ．地球(Planet)のゴール
（12）　持続可能な生産と消費．
（13）　気候変動．
（14）　海洋と海洋資源の保全(海洋生態系の保護)．
（15）　陸域生態系の保護，回復，利用．

Ⅳ．平和(Peace)のゴール
（16）　平和で包摂的な社会，公正な司法，効果的で説明責任のある制度．

Ⅴ．パートナーシップ(Partnership)のゴール
（17）　途上国と先進国を含むグローバル・パートナーシップの活性化．

　これらの目標が，2015年を起点として，どのように進展しているかを2022年時点で総括した報告書が，ユトレヒト大学(オランダ)のD. P. van Vuurrenを中心とする19人の科学者によって作成され，One Earthという学術誌に掲載された．人の生活に直接関係するような13の目標が2030年と2050年までにどの程度達成されているかを予想し，図14.2のようにまとめている．この内容は，プラネタリー・バウンダリーが2023年に更新されたので，一部重複する部分もあるが，2050年に向けた予測まで図示しているので参考になるだろう．

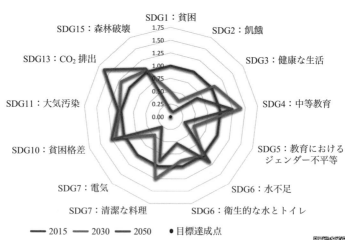

図 14.2　SDGsの目標達成状況
［出典：D. P. van Vuurren, et al., One Earth, 5, 142-156(2022)］

目標達成点を中心におき，2015年の状態を青色の囲み（正13角形）になるような位置で示し，オレンジと赤色で2030年と2050年の予想状態を表している．青色の囲みの内側で中心に近いものほど目標の達成度が高いことを意味している．一方，青色の囲みの外側にある項目は2015年よりも状態が悪化していることを表している．

各項目を点検してみると，飢餓の解決（SDG2）のために食糧増産をはかれば，より多くの肥料と水を使い，水不足（SDG6）を助長することになるだろう．また，耕地を増やすことは森林破壊（SDG15）につながり，生態系の保全に悪影響を及ぼしかねない．このように両立しにくい課題もあり，それぞれの課題の解決のための適切な方策を考えることは容易ではない．とくに状態の悪いのは，CO_2排出量の増大である（SDG13）．中等教育の普及も広がっていない（SDG4）し，貧困の格差も改善されていない（SDG10）．水不足と衛生的な食事（SDG6と7）もあまり改善されていない．国際的な連携で先進国が手を差し伸べるべき分野であろう．

14.3 生物多様性の保全

生物多様性とは，動物，植物，微生物などを含めたあらゆる生物種と，それによって成り立つ生態系，そして生物が過去から未来に伝える遺伝子を組み合わせた概念であり，生態系を保全し，回復させていくことを"ネイチャーポジティブ"という．日本でもこのカタカナ用語が"ネイチャーポジティブ経済研究会"のように，公式に使われる例がみられるようになってきた．これまでみてきた土地利用の変化（12.1節）や気候の変動（6.4節）は，水の問題とともに，生物多様性に大きな影響を与える．身近なところでは，河川のコンクリート化による生物多様性の破壊がみられたが，最近コンクリートを除去して自然に戻す動きがみられる．

私たち人間も生物の仲間として生物多様性の中に生きている．地球の歴史の中ではその多様性のおかげで，大量絶滅の危機を乗り越えてきた．森林や土壌，河川，湖沼，湿地，干潟，そして海洋などの生物多様性に富む生態系は，水質浄化，水源涵養，土壌形成，気候調節などの自然環境を保全する機能ももっている．野生生物は，人間にとっては資源であり，食糧や医薬品，日用品，装飾品，燃料などに利用されている．そして，農作物や家畜の品種改良においても，野生種の遺伝的資源には高い価値がある．

地球上には，数百万から数千万種の野生生物がいるといわれている．そのうち命名

されているのは約140万種にすぎず，その生態がわかっているのはごくわずかである
といえる．現在，生物絶滅の速度が加速しているといわれ，国際条約によって絶滅危
惧種の保護対象がレッドデータブックにあげられている(環境省がレッドリスト2020
として3716種の日本の動物をあげている)．絶滅の原因をつくっているのは，私たち
人間である．そのおもな原因は農耕地の開発による生息地の消失(36%)と大航海時代
以降の外来種の導入(39%)であり，狩猟による影響(23%)も少なくない．

　海洋生物も例外ではない．日本は南北に長い海洋国であり，中部以南は世界最大の
暖流である黒潮の影響を受け，北部は寒流の親潮の影響を受けている．日本に生息す
る生物種は，プランクトン，魚介類，海藻，底生動物(フジツボなどのように，水底や
壁面に生息する生物)など，多様性に富み，海域ごとに独自の生物群を形成している．

　しかし，近年，日本近海の生物相が変わってきたといわれる．これは，海域間の船
舶の往来や生きた魚介類の輸入が増えてきたことによる．そして意図しない生物とし
て，動物プランクトンや有毒藻類などが移入されて，在来生態系に影響することもあ
る．このような外来生物は，輸送船やタンカーの船底に付着して運ばれることもあり，
大型貨物船のバラスト水(空荷になった船のバランスをとるために入れる水)とともに
運ばれるものもある．こうした外来種は，外国から日本に入るだけでなく，日本から
外国に運ばれるものもあり，世界的な問題になっている．

　サンゴ礁は，陸の熱帯林と同様に，生物多様性の宝庫といわれる．1998年のエル
ニーニョに伴う高水温によるサンゴの白化により世界各地の海でサンゴ礁が失われた．
サンゴには褐虫藻という単細胞の藻類が共生していて，褐虫藻はサンゴから栄養塩と
CO_2をもらって光合成し，エネルギーをサンゴに与えている．海水温上昇と海洋酸性
化のストレスのため，褐虫藻がサンゴの体内から逃げ出してしまうので，サンゴは白
くなってしまうのである．不法投棄されたゴミなどの環境汚染もサンゴ白化の原因の
一つになっている．

　このような問題点に対して私たちができることは，地球温暖化が進まないように
CO_2などの温室効果ガスを出さないこと，そのために省エネ・省資源に努め，無駄の
ない暮らしを心がけよう．

15 人の暮らしと健康

　私たちの日々の暮らしは環境問題とどのようにかかわっているだろうか．この章では，身近な問題として食べ物，健康，家事，ごみ問題について簡単にみることにする．食糧問題については，土地利用と水の問題(12.1 節および 12.2 節)，そして窒素とリン肥料(12.5 節)に関連して 12 章で述べた．また 13 章では公害問題の立場から，環境と生活のかかわりについて説明した．

15.1　食品の保存

　食品はそのまま室温で保存すると酸化されて変色したり，変質したりする．また，微生物によって腐敗するものもある[*1]．これらを防ぐために，低温で冷蔵庫に保存したり，冷凍状態にして(冷凍食品)保存する．酸化を防ぐためには酸化防止剤として，ビタミン C (アスコルビン酸)やビタミン E (トコフェロール)あるいは BHT や BHA と略称されるフェノール類を加える．また，微生物の増殖を抑えるためには，ソルビン酸や安息香酸あるいはその塩が用いられる．このような添加物は"保存料"とよばれる．

ビタミンC
(アスコルビン酸)

ビタミンE (α-トコフェロール)

BHT
(ブチル化ヒドロキシ
トルエン)

BHA
(ブチル化ヒドロキシ
アニソール)

ソルビン酸カリウム

安息香酸

また，細菌の混入と増殖を防ぐために，密閉包装で真空にしたり，脱酸素剤を入れたりする．缶詰やびん詰で細菌を除外した製品もある．また，乾燥して乾物のかたちで微生物の生育を抑える場合もある．

食品添加物には着色料や乳化剤などもあるので，有害なものがないか注意しよう．

15.2 健　　康

環境からくる健康問題については13章で公害問題の一貫として述べ，次のような課題についても関連の章で説明した．すなわち，紫外光の影響(10.1節)，土壌汚染(12.6節)，水質汚染と地下水汚染(12.7節)，大気汚染(13.2節)による健康被害などである．

ここで改めて多くのことを述べるつもりはないが，発がん性物質とよばれ，がんを誘発したり，発生率を高めたりする化学物質がある．国際がん研究機関が発がん性リスクの一覧表を発表している．もう一つの興味ある話題は，再生医療であり，とくに京都大学の山中伸弥教授のノーベル賞受賞(2012年)で注目を集めた"iPS細胞(人工多能性幹細胞)"の可能性である．この応用で，拒絶反応のない移植用組織や臓器の作成が可能になってきた．一方，その応用により人工的な生命の発現まで可能になり，倫理的な問題も生じてきている．

15.3 洗 濯 と 清 掃

家庭における家事として，健康のためにも，清潔に保つことが重要である．衣類の洗濯には，せっけんなどの界面活性剤が使われる．界面活性剤は水に溶けない油性の汚れをミセルに包んで衣料から取り除くことができる．

界面活性剤はせっけんも含めて，分子内に水となじみやすい親水性基と油になじみやすい疎水性基をもつ物質である(分子間力については，4.5節で説明した)．その代表的なものには次のような化合物がある．

---

[1] 腐敗が細菌によるものであることは，Louis Pasteur(パスツール：1822〜1895，フランス)によって証明された．牛乳の加熱殺菌法も発見し，現在でも低温殺菌牛乳を"パスチャライズ牛乳"という名称で販売しているメーカーもある．パスツールはほかにも化学の基本的な概念を提案したり，外科手術の消毒法を開発したりするなど数々の先駆的な業績をあげている．

15.3 洗濯と清掃   135

脂肪酸塩の一つ
（せっけん）

アニオン界面活性剤の一つ

カチオン界面活性剤の一つ

　このような界面活性剤分子は，図15.1に示すように，水溶液中で疎水性部位が集まり，親水性部位が水になじむかたちで球状になり，水に溶けている．その中心部に油汚れを取り込んで洗浄力を発揮するのである．水の表面に集まると表面張力を減少させる．これと同じ効果で布や繊維に浸透でき，泡立ちを生じる．

　日頃の清掃は，ごみ（廃棄物）を集めて捨てるという単純な行為だが，環境を守るという立場から考えれば，繰り返しになるが，

　　　省エネ・省資源を心がけ，無駄をなくすことから始めるのがよい．廃棄
　　　物を多く出せば，その処理からもCO_2が発生し環境に悪影響を与える．

　日々，家庭から出されるごみはわずかかもしれないが，地域コミュニティに集まれば大量になる（毎日出す量は少なくても，粗大ごみや産業廃棄物も分担した量としてあわせれば，15.4節で見るように，1人1日1kg近くの廃棄物を出している）．家庭で出すごみを10%ずつ減らすだけでも，全国では膨大な節減になる．
　家庭は社会の構成単位であり，環境に対する個々の家庭の意識が社会全体の環境問題に影響することを考えよう．これも繰り返しになるが，3R：reduce（節約），reuse（再使用），recycle（再利用）であり，四つ目のR，refuse（ごみになるものはもらわない）

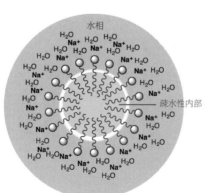

図 15.1　ミセルの生成

を加えて5Rにしよう．

　　　5R：reduce ＋ reuse ＋ recycle ＋ refuse ＋ repair

15.4　ご み 問 題

　環境省の統計によると，日本ではごみの排出量は年々減少傾向にあり，2022年（令和4年）には総量は4034万トンあまり（東京ドーム約168杯分）になった（図15.2）．1日1人当たりに直すと約0.9 kgになる．5.1節でも述べたように，資源を無駄に使わない，省資源のためにもごみを減らすことは重要である．そのためには"分別"し，リサイクルを増やそう．

　容器包装類の分別回収については，2021年には紙製容器包装の約30％，プラスチック製容器包装の約70％が回収され，再生利用されている．アルミなどの金属類の回収利用も進められている．循環型社会の3Rが，おおむね国民に浸透してきていると思われるが4番目のR (refuse)も重要だ．

　しかし，食品ロスはあまり減少していない．2012年の642万トンから2021年には523万トンになっているというデータがある．その約70％は家畜の飼料や肥料に利用されている．

　ごみ焼却においては，かつては有毒なダイオキシンの発生問題を起こし，排煙も公害の対象となったが，2000年以降は焼却炉の性能がよくなり，問題は起きていない．

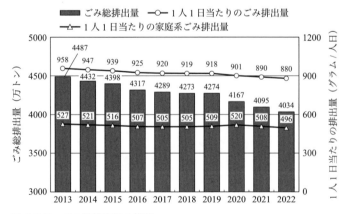

図 15.2　ごみ総排出量の推移
　　［出典：一般廃棄物処理事業実態調査の結果（令和4年度）について，p. 1 (2024年3月28日)，環境省ホームページ (https://www.env.go.jp/content/000123409.pdf)］

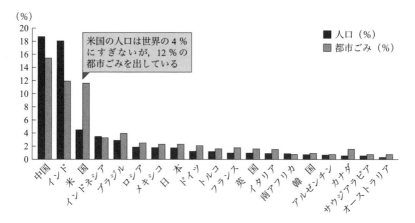

図 15.3 世界に占める人口と都市ごみの割合
〔出典：Verisk Maplecroft（英国のリスク分析会社），Waste Generation and Recycling Indices 2019, p. 5 of 17 2019 年 7 月 (https://www.circularonline.co.uk/wp-content/uploads/2019/07/Verisk_Maplecroft_Waste_Generation_Index_Overview_2019.pdf)〕

しかし，最終処分場(埋め立て地)には限度があり，2040 年頃には満杯になってしまうと予想され，ごみを埋める場所がなくなってしまうことが心配されている．

世界の家庭ごみ(都市ごみ)の動向を図 15.3 にまとめてあり，世界に占める人口とごみの割合を示している．顕著なデータは米国が人口割りから考えられるごみの量のほぼ 3 倍を排出していることであり，日本も人口割りで考えれば平均以上のごみを出していることがわかる．米国の人口はインドの 4 分の 1 程度だが，ごみの排出用はあまり変わらない．1 人当たり年間 773 kg のごみを出しており，1 日 2 kg 以上(日本の 2 倍以上)になる．

いわゆる先進国でより多くのごみを出しており，地球の未来を考えると，国際的な取り組み(ゴミサミット)が必要だ．ごみ問題では，海洋プラスチックが世界的に対策をとるべき重要な課題となっているが，この問題は 11.5 節で取り上げた．

索　引

あ　行

ITER　*12*
IPPC AR6　*99*
赤　潮　*100,111*
足尾銅山　*111,117*
アニオン　*18*
アルベド(albedo)　*36,93*
アンモニア　*109*
　──のサプライチェーン　*78*
　──の性質　*77*
　エネルギー源としての──　*76*
アンモニア合成法　*76*
アンモニア混焼発電　*78*
アンモニア専焼発電　*78*

EFポリマー　*108*
硫黄エアロゾル　*46*
硫黄酸化物(SO_X)　*90,120*
イオン結合　*18*
イオン層　*86*
イタイイタイ病　*118*
一次エネルギー　*65*
　──の供給構成　*68*
　──の自給率　*65*
1.5℃目標　*40*

宇宙空間　*85*

エアロゾル　*93,119*
永久凍土　*40*
　──の融解　*40*
エコキュート　*72*
エージェントオレンジ　*120*

SDGs　*127,129*
　──の目標達成状況　*130*
越境大気汚染　*119,120*
X　線　*20*
エネファーム　*82*
エネルギー　*6*
　──の消費割合　*68*
エネルギー基本計画　*75,78*
エネルギー自給率
　主要国の──　*65*
エネルギー資源　*30,31,65*
　──の主要輸入先　*67*
エネルギー収支
　──と気候　*37*
　太陽エネルギーの──　*41*
　地球の──　*35,36*
MCH(メチルシクロヘキサン)　*82*
塩　基　*91,92*

オガクラ帯水層　*107*
汚染土壌　*113*
　──の浄化　*113*
汚染物質　*114*
オゾン層　*85,86,87*
　──の形成と破壊　*87*
オゾン層破壊物質　*88*
オゾンホール　*87,89*
オーロラ　*86*
温室効果　*35,38*
　──と赤外吸収　*22*
温室効果ガス　*35,37*
　──の種類と排出量　*50,51*
　──の赤外吸収スペクトル　*39*
　──の排出量　*38,39*
　──の排出量の推移　*50,51*

温室効果ガス削減目標　64
温暖化対策　42

か 行

海水温上昇　96
海水温変動　96
海水 pH　99
　——の経年変化　99,100
界面活性剤　134,135
海面上昇　1,40,97
　——の原因　98
　——の速度　97
　沿岸都市への影響　98
海面水温　44,96
海洋エネルギー　7,70
海洋汚染　100
　油流出による——　101
　国際的取り組み　101
　プラスチックによる——　101
海洋酸性化　92,99,128
海洋のはたらき　95
海洋プラスチック憲章　101
外来種　132
海　流　29
化学的酸素要求量　114
化学窒素肥料　128
化学肥料　110
　——の低減　110
化学物質審査法　122
核分裂(反応)　11
　原子力発電における——　14
　原子炉内の——　15
核融合(反応)　4,11
　太陽における——　12
可視光線　20
化石大国　67
化石燃料　65
　——の改質　79
　——の使用　42
　——の燃焼　36,50

カチオン　18
活性汚泥法　114
価電子　17
カーボンニュートラル　42,49,52,54,75,
　76
　——と脱炭素化　63
カーボンニュートラル目標　64
カーボンリサイクル　55
ガルジャール，N.(Gurjar, Narayan)　108
カルボン酸　59
カロテン　21
かんがい農地　109
環境汚染　28,117
環境汚染物質　112
環境基本法　119
環境ホルモン　2,122
還元と酸化　77
乾燥地　109
乾燥半湿潤地　109
干ばつ　109
間氷期　41
ガンマ(γ)線　10,20
気温上昇　43
　——と CO_2 排出量　49
　世界平均——　43,44
気温変化
　——の見通し　45
　世界平均——　42
気　候
　エネルギー収支と——　37
　将来あり得る——　43
気候工学　45
気候変動　41,128
　——の抑制　43
　日本の——　42
　人間活動の影響　42
基底状態　19
キノホルム　124,125
逆浸透(法)　107
吸収スペクトル　21

索　引　**141**

鏡像異性体　*124*
共有結合　*18*
共有電子対　*18*
極性分子　*19,23*

空気の組成　*4*
クジラの胃からプラスチック　*102*
green water　*105*
グリーン水素　*79*
グリーン成長戦略　*75*
グレー水素　*79*
クロロフィル　*22*
クーロン力　*23*

下水処理場　*114*
結合の軌道表現　*19*
健康問題　*134*
原　子　*9*
原子核　*11*
原子爆弾　*14*
原子番号　*9*
原子量　*9*
原子力発電
　——における核分裂　*14*
原子力発電所　*14*

5R　*5,136*
降雨の pH　*90,91*
公害問題　*111,117*
光化学オキシダント　*118,119*
光化学スモッグ　*118,119*
高吸水性ポリマー　*108*
恒　星　*4*
合成ガス　*56,79,80,81*
合成燃料　*56*
鉱物資源　*30,31*
氷の結晶　*104*
コークス炉ガス　*80*
湖水地方　*2*
COP21　*40,42*
COP27　*63*

COP28　*63*
コプラナー PCB　*121*
ごみ焼却炉　*136*
ごみ排出量　*136*
ごみ問題　*136*
孤立電子対 ➡ 非共有電子対をみよ
コンクリート　*59*
　コケ・——　*61*
　CO_2 吸収型——　*59,60*
　自己修復——　*61*
混焼発電　*83*
コンピュータシミュレーション　*44*

さ 行

再エネ ➡ 再生可能エネルギーをみよ
再生可能エネルギー　*6,65,70,76*
　——の種類　*69*
　——の割合(各国)　*71*
　——の割合(日本)　*70*
砂漠化　*44,109*
サバティエ反応(Sabatier 反応)　*58*
サプライチェーン
　アンモニアと水素の——　*78*
サリドマイド事件　*124*
3R　*5,135*
酸塩基反応　*92*
酸化と還元　*77*
酸解離反応　*92*
酸化状態
　窒素の——　*5*
酸化(反応)　*6,77*
酸化分解　*114*
酸化防止剤　*133*
産業革命　*41,48*
酸欠海域　*111*
サンゴの白化　*132*
酸性雨　*90,91*
酸性度　*92*
酸と塩基　*91*
残留性有機汚染物質　*121*

GX（green transformation）　*63*
ジェット気流　*90*
シェールオイル　*66*
シェールガス　*66*
ジオキシン類　*120*
CO_2　*47,120*
　——の回収　*54*
　——の化学的利用　*58*
　——の酸化状態　*56*
　——の除去　*54*
　——の貯留　*54*
　——の排出と吸収　*50*
　——の利用　*54*
シーオーツースイコム（CO_2-SUICOM）　*57,
　60*
CO_2濃度　*127*
　——と排出量　*47*
　——の増加傾向　*48*
　海水の——　*99*
CO_2排出　*48*
CO_2排出源と濃度　*52,54*
CO_2排出量
　——と気温上昇　*40,49*
　——の部門別割合　*50,52*
　運輸部門における——　*54*
　エネルギー起源——　*51,53,64*
　国別——　*51,53*
　自家用車からの——　*54*
　累積——　*48,49*
COD　*114*
紫外線　*20*
磁気圏　*86*
資源と物質　*25*
　——の循環利用率　*26*
自己修復コンクリート　*61*
CCS　*54*
　——の実証実験　*55*
CCUS　*54*
自然エネルギー　*70*
自然環境の保全　*131*
自然環境保護　*1*

持続可能な開発目標　*127,129*
質量欠損　*9*
質量数　*9*
し尿処理　*110*
シフト反応　*79,80*
周期表
　金属を示す——　*32*
重　力　*6*
食品保存　*133*
食品ロス　*136*
食糧危機　*104*
食糧自給率　*107*
新興国　*52*
深層大循環　*29,30,95,96*
浸透圧　*106*
森林減少　*103,109*
森林破壊　*107*
森林面積　*107*
森林劣化　*108*

水質汚染　*114*
水質汚濁　*114*
水蒸気改質反応　*79*
水性ガス　*80*
水　素　*17*
　——の供給国　*82*
　——の結合　*18*
　——のサプライチェーン　*78*
　——の製造　*79*
　——の特性　*78,79*
　——の輸送　*82*
水素エネルギー　*65,75*
水素基本戦略　*75*
水素キャリア　*82*
水素結合　*23*
水素混焼発電　*76*
水素社会　*75,76*
水素ステーション　*83*
水素製造法　*56*
水素専焼発電　*76*
水素発電　*83*

索　引　**143**

水素輸送　*79*
水質汚染　*111*
ストックホルム条約　*121*
スペクトルと分子構造　*21*
スモン病事件　*124*

成層圏　*85,86*
生態系
　　──の維持　*4*
　　海水 pH の影響　*99*
静電相互作用　*23*
生物学的酸素要求量　*114*
生物多様性　*95,131*
　　──の保全　*128,131*
赤外吸収スペクトル　*22*
赤外線　*20*
赤外放射　*38*
セッコウ　*91*
絶滅危惧種　*132*
絶滅率
　　生物の──　*128*
全球凍結仮説　*37*
全球平均気温　*46*

た　行

第一種特定化学物質　*123*
ダイオキシン　*120,121*
代替フロン　*88*
大気汚染　*119*
大気汚染物質　*93,119,120*
大気圏　*85*
大気大循環　*89*
大地の概要　*103*
第二種特定化学物質　*123*
台　風　*44*
太　陽　*3*
　　──の放射エネルギー　*35,36*
太陽エネルギー　*35,36*
　　──のエネルギー収支　*41*
太陽光発電　*69*

宇宙──　*70*
太陽照射　*6*
大陸棚　*102*
対流圏　*85,86*
脱炭素エネルギー　*65*
脱炭素化
　　──とカーボンニュートラル　*63*
　　個人レベルでの──　*68*
炭酸エステル　*56*
炭酸化養生　*60*
淡　水　*104*
　　──の量と利用　*104*
淡水資源　*108*
炭素固定　*73*
炭素循環　*26,27,48*
炭素年代測定　*10*

地下資源　*30,31*
地下水汚染　*111,115*
地球温暖化　*1,37,40,43,75,93*
　　──の原因　*48*
　　──の進行　*43*
　　海洋への影響　*95*
　　山火事の原因　*44*
地球環境の限界　*127*
地球表面積　*95*
窒　素
　　──による汚染　*128,129*
　　──の酸化状態　*5*
窒素固定　*27*
窒素酸化物（NO_X）　*28,90,120*
　　──の除去　*77*
窒素循環　*27,28,109*
窒素肥料　*76,109*
地　熱　*6*
地熱エネルギー　*36*
地熱発電　*69*
中間圏　*85,86*
潮汐力　*36*

使い捨てカイロ　*6*

DAC　54
DDT　2,121
テラウェル(タイル)(Terrawell)　61
電気自動車(EV)　83
電気分解
　水の――　80
電源構成
　日本の――　67
電磁波　20
電力事情
　日本の――　68,69

同位元素 ➡ 同位体
同位体　10
トカマク型核融合装置　13
都市鉱山　31
都市ごみ
　世界の――　137
都市ごみ焼却炉　121
土壌汚染　111,112,113
　――の原因物質　112
　規制対象　112
土壌汚染対策法　112
土地利用の変化　103

な 行

内分泌かく乱物質 ➡ 環境ホルモンをみよ
ナショナル・トラスト　1

二酸化炭素(⇨ CO_2 もみよ)　47,120
二次エネルギー　65
　――としての水素　78
尿　素　58,59,76
尿素樹脂　58,76

ネイチャーポジティブ　131
熱　圏　85,86
熱帯雨林　107,108
熱帯林　107
燃　焼　6

化石燃料の――　36
燃料電池　82
燃料電池車(FCV)　83

農地面積　103
　――の拡大率　103
ノニルフェノール　122

は 行

バイオエタノール　72
バイオ処理　114
バイオマス　70,72,80
バイオレメディエーション　113
廃棄物　25,135
廃棄物処理　5
排他的経済水域　102
バジリスク(Basilisk)　61
バーチャルウォーター　107
発電電力量　67
　――の電源別割合　67
ハーバー・ボッシュ法　76,78,109
半乾燥地　109
半減期　10
半透膜　106

PM 2.5　93
BOD　114
非共有電子対　18
非金属資源　31
PCB　121,122
ピーターラビット　2
ヒートポンプ　72
PFAS　112
PFOS　112
氷河の融解　98
氷　期　41
氷床の融解　98

ファンデルワールス力(van der Waals force)
　24

索　引　**145**

フィッシャー・トロプシュ合成
　　（Fischer-Tropsch 合成）　*80,81*
風力発電　*7*
　洋上——　*70*
副生水素　*80*
浮上都市
　モルディブの——　*98*
物質循環　*5,25*
物質の状態　*23*
　——と分子間力　*23*
物質フロー　*26*
沸　点　*24*
プラスチックごみ
　海洋——　*101*
プラスチック資源循環促進法　*101*
プラズマ（状態）　*12,13,23*
プラネタリー・バウンダリー　*127,128*
blue water　*105*
ブルー水素　*79*
フロン　*87*
分散力　*24*
分　子　*17*
分子間力　*17*
　——と物質の状態　*23*
分子軌道　*19*
分子構造とスペクトル　*21*

ベースメタル　*31*
ベータ（β）線　*10*
ペロブスカイト太陽電池　*72*
偏西風　*86,90*

貿易風　*90*
放射強制力　*46,93,94*
放射能の単位　*10*
保存料　*133*
POPs　*121*
ポリカーボネート　*58*

ま　行

マイクロ波　*21*
マイクロプラスチック　*101*
Mauna Loa 観測所　*48*
真鍋淑郎　*44*

水
　——の化学　*104*
　——の重要性　*28*
　——の循環　*28,29,95*
水ストレス　*105,106*
ミセル　*134,135*
水俣病　*111,118*

メタネーション　*57*
メタンハイドレート　*66*
メチルシクロヘキサン　*82*
メラミン樹脂　*58,59,76*

モルディブの浮上都市　*98*
モントリオール議定書　*88*

や　行

薬害エイズ事件　*125*
薬害肝炎事件　*125*
薬害問題　*124*

有機スズ化合物　*123*
湯川秀樹　*11*

揚水発電　*70*
溶媒和　*105*
四日市ぜんそく　*118*
四大公害病　*117*

ら　行

リグニン　*73*

リン鉱石　110
リンによる汚染　128,129
リン肥料　110

ルイス表記　17

レアメタル　31
励起状態　19,20

レイチェル・カーソン（Rachel L. Carson）　2
冷凍食品　133
レスパイア（Respyre）　61
レッドデータブック　132
連鎖反応　14

ロックストローム，J.（Rockström, J.）　127

著者紹介

奥山　格（おくやま　ただし）
1968 年　京都大学大学院工学研究科博士課程修了（工学博士）
1968〜1999 年　大阪大学基礎工学部
1999〜2006 年　姫路工業大学・兵庫県立大学理学部
現　在　兵庫県立大学名誉教授
専　門　物理有機化学・ヘテロ原子化学

環境の基礎科学
　——持続可能な地球環境をめざして

令和 6 年 10 月 30 日　発　行

著作者　　奥　山　　　格

発行者　　池　田　和　博

発行所　丸善出版株式会社
　　　　〒101-0051　東京都千代田区神田神保町二丁目17番
　　　　編集：電話(03)3512-3266／FAX(03)3512-3272
　　　　営業：電話(03)3512-3256／FAX(03)3512-3270
　　　　https://www.maruzen-publishing.co.jp

© Tadashi Okuyama, 2024

組版印刷・創栄図書印刷株式会社／製本・株式会社 松岳社

ISBN 978-4-621-31027-4　C 1040　　　　Printed in Japan

|JCOPY|〈(一社)出版者著作権管理機構　委託出版物〉
本書の無断複写は著作権法上での例外を除き禁じられています，複写
される場合は，そのつど事前に，(一社)出版者著作権管理機構(電話
03-5244-5088，FAX 03-5244-5089，e-mail：info@jcopy.or.jp)の許諾
を得てください．